京都 美食吃饱饱

连日本人都想知道的巷弄惊奇美食

[日]吉田志帆 著
[日]寺井真纪 绘
梁雅晶 译

SPM
南方出版传媒
新世纪出版社
·广州·

* 进深：房屋从里到外的距离

初次见面，你好，我是作家吉田志帆。
在京都已经工作了十五年了。
就让我来给你推荐好吃的店吧！
广岛长大，现在住在左京区。
哇！
真的吗？
吉田小姐是京都有名的作家，她的文章主要在京都资讯类杂志《Meets Regional》上发表！她可是数一数二的京都百事通啊！
京都的东方料理很独特，有很多古老的酒馆。啊，对了，拉面也是很有名的京都美食呢！来到京都这些是一定要吃的哦！
啊！单单是听，就已经直流口水了……
既然要寻找京都的美食，好吃的当然不在话下，这些本地名店除了本地人喜爱外，即使是第一次光临的顾客也能毫无顾虑地享受美食，这点也是非常重要的哦！
握拳
啊啊啊！
听到这些，我好感动！
就这样，执着的我和京都百事通作家吉田小姐的美食之旅开始啦！
我跟定你啦！
紧握
一起开吃吧！

御所南：Hitsuji
今天你的心情是哪款甜甜圈呢？

四条西洞院：Croix-Rousse
寺井力推火焰披萨。

熊野神社：炭烧鸡串 Kimura
分量满满绝对大满足。

西洞院押小路：Kissamadoragu / Madoragu咖啡店给人幸福感的金黄三明治。

祇园：鸡匠舞 佐平
让人眼花缭乱的菜单，探索鸡肉的新世界。

净土寺：鸡肉料理 An
充分展现鸡肉的鲜味，顶级的鸡肉火锅。

东洞院押小路：HUONG VIET
气势十足的越南火锅。

高仓押小路：印度食堂TADKA
风味浓厚的混搭咖喱套餐。

堀川紫野：凤飞
独一无二的中华料理——辣味鸡。

河原町丸太町：泰国厨房Pakuchi
香菜，我对你爱爱爱不完！

北白川：四川料理 骆驼
令人唇舌麻痹的正宗四川风味。

御菌桥大宫：Chukanosakai
令人回味无穷的弹牙粗面。

一乘寺：面屋 GOKKEI
名副其实的招牌菜——极品鸡肉拉面。

上七轩：系仙
每一口都是精心挑选的糖醋猪肉。

堺町锦：富美家
温润鲜甜的汤头，完全为微甜的上汤所治愈。

一乘寺：天下一品 总店
没有吃过这里的拉面就等于没有吃过拉面。

四条乌丸：串八 四条乌丸店
皮质轻薄，感觉多吃也没有罪恶感。

四条高仓：SIZUYA（至津屋）法国料理店
简单就是完美。

新町蛸药师：梅园 CAFE & GALLERY
鲜滑的蛋奶酥口感，让人惊艳！

仁王门新堺町：Kotarou（小太郎）京都店
尽情享受新鲜出炉的鲷鱼烧吧。

四条木屋町：SAKE Café
与日本酒相得益彰的土豆沙拉。

四条富小路：Tasuku
搭配日本自产红酒的绝顶风味——令人心满意足的下酒菜！

西阵：神马
酒馆的必点招牌菜——鲭鱼寿司。

新京极：京极Stando
先从中杯啤酒套餐开始吧！

页尾注释：①本书有关的美食资料来自于 2013 年 12 月的采访信息，价格等信息可能会有所变动，还请多加注意。
地图为只标示主要道路及路线的简略位置图。

目录

出发啦！
好兴奋哦！

称霸日本的面包街——精选五家令人上瘾的店铺

①Flip up!（室町押小路）
②NAKAMURA GENERAL STORE（室町押小路）
③Croix-Rousse（四条西洞院）
④Hitsuji（羊）（御所南）
⑤Kissamadoragu\Madoragu 咖啡店（西洞院押小路）

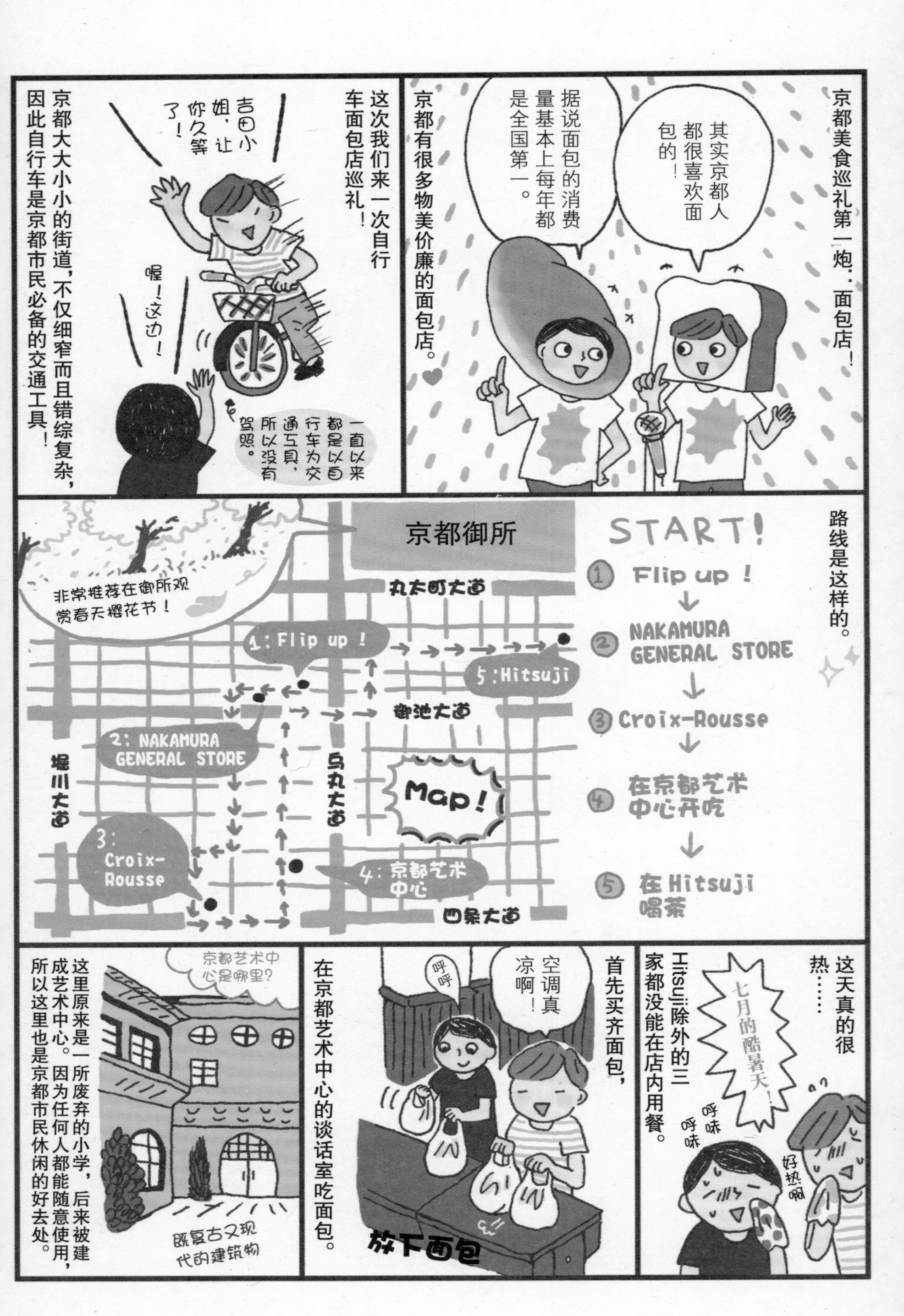

京都美食巡礼第一炮：面包店！
其实京都人都很喜欢面包的！
据说面包的消费量基本上每年都是全国第一。
京都有很多物美价廉的面包店。
这次我们来一次自行车面包店巡礼！
吉田小姐，让你久等了！
喔！这边！
一直以来都是以自行车为交通工具，所以没有驾照。
京都大大小小的街道，不仅细窄而且错综复杂，因此自行车是京都市民必备的交通工具！
路线是这样的。
START!
① Flip up！
② NAKAMURA GENERAL STORE
③ Croix-Rousse
④ 在京都艺术中心开吃
⑤ 在Hitsuji喝茶
京都御所
非常推荐在御所观赏春天樱花节！
丸太町大道
1：Flip up！
5：Hitsuji
御池大道
2：NAKAMURA GENERAL STORE
堀川大道
乌丸大道
Map！
3：Croix-Rousse
4：京都艺术中心
四条大道
这天真的很热……
七月的酷暑天！
呼味
呼味
好热啊
Hitsuji除外的三家都没能在店内用餐。
首先买齐面包，
空调真凉啊！
呼呼
放下面包
在京都艺术中心的谈话室吃面包。
京都艺术中心是哪里？
这里原来是一所废弃的小学，后来被建成艺术中心。因为任何人都能随意使用，所以这里也是京都市民休闲的好去处。
既复古又现代的建筑物

*店内并没有供饮食的地方。

接下来就是鸡蛋百吉圈了。
富有弹性的百吉圈里，加入了满满的鸡蛋。虽然很简单，但是也正因为简单所以显得朴实又好吃，每次都会情不自禁多买几个！
啊！这个只要一百八十日元！
好便宜！
百吉圈的中间几乎没有气孔，绝对让你吃饱饱！
嗯
咬咬咬
再来一口！再来一口！这个吃着会上瘾呢！慢着！慢着！鸡蛋里面加了酸黄瓜，味道却毫不突兀，就好像两个好朋友走在一起一样……
喂！
来了！
砰！
酸黄瓜搭配得恰到好处！
啊啊！橄榄包也很好吃！刚吃到一瞬间，就完全感受到了它的美味！
这个橄榄包让人有想喝红酒的冲动啊……
超爱酒的吉田小姐。
使用的是全麦粉！里面有整颗的橄榄肉！
接下来就是『NAKAMURA GENERAL STORE』啦！从『Flip up!』出发只要走15秒！是一家经营司康面包和烧烤点心的名店。
这里的老板曾经在夏威夷名店『Diamond Head Market & Grill』工作，是制作司康面包的师傅。
SCONE
你好！
来了！
店内陈列着古色古香的家具和书籍，显得十分高雅有格调！
啊！这里也卖杂货！
这里也有曲奇啊！
我想要这个！
eggscake 测量鸡蛋重量的称 4800日元

这位是老板中村先生。
我曾经在夏威夷有着三年的司康面包制作经验呢！现在也还沿用着那时的配方哦！
没想到能尝到地道的夏威夷味道！
直爽
我想问一下，
这里有香蕉面包吗？以前吃过，觉得很好吃……
有的！因为今天很热，所以我就放在冰箱了……
我现在去拿出来！
如果店内没有摆放你想要的面包，你也可以问老板哦！
吉田小姐，真有你的！
我也好想吃香蕉面包啊！
正在品尝面包中（京都艺术中心内）
终于买到啦！
* 店内并没有供饮食的地方。
香蕉面包 120日元。
甜而不腻，就是这个味道啊！！
好松软！
吉田小姐
好浓的香蕉味道！
接下来就是混合浆果松饼，
这松饼好大哦，真的是物有所值！太开心了！
甜甜的浆果就好像在嘴里翻滚，真的太好吃啦！
上面的浆果真的太赞了！草莓、木莓、蓝莓，都有噢！
你看你看！
220日元
（馅料每天都有不同。）
最后就是蓝莓芝士司康面包了。
英国司康面包口感酥脆，大多会搭配果酱来吃，美式司康面包是有馅的，外酥里嫩……
230日元
吉田演说
第一次来这家店的时候，这个蓝莓芝士司康面包就颠覆了我对司康面包的概念！
直接吃就很美味！
咬一口
马上就来吃吧！
哇！又软又甜，而且甜度刚刚好！蓝莓和芝士也搭配得很完美！
中村先生说：
美式司康本身可说是一个完整的甜点！
让人忍不住连吃好几个！
就是这么回事！

* 也可以放进微波炉叮一分钟再吃哦！！

这个猪肉熟肉酱三明治是自家研制的，入口即化，相当美味！和面包上面的酸黄瓜实在是绝配呢！
黑麦的酸味也为面包加分不少！
所谓熟肉酱
法国料理的一种。将猪肉弄成糊状，涂在法式面包上！
嗯嗯！
还有这个牛角包也很不错！吃了第一口后牛油的香味就一直在嘴里停留，而且面包外层十分松脆！
扁桃切片和扁桃奶油实在是太好吃啦！面包里面的木莓酱和蛋奶糊简直一流！
真的是绝顶的味觉享受啊！
我们在在京都艺术中心里面吃了那么多的面包。
* 在谈话室小声谈话。
这桌椅是很多年前的东西哦！复古风！
学生。
这是偷懒的白领？
我觉得这个熟肉酱跟红酒也很搭！
细语
你真的很爱喝酒啊……
细语
即使被周遭的人认为是
难道那两个人是面包狂人？
也一点都不奇怪吧！
这种面包好像叫作杂粮面包。
细语
这里面好像有一半是黑麦。
轻声
在京都艺术中心饱餐之后，我们前往的是：
『Hitsuji』
甜甜圈专卖店
各位，请听我说！
『Hitsuji』开店的契机，是超人气面包店『hohoemi』的老板说想经营一家甜甜圈专卖店，于是为了专注甜甜圈专卖店，不畏艰辛的老板将原有的『hohoemi』结业，并开了这家『Hitsuji』！这是万众期待的面包店啊！足足让我等了两年！
吉田演说
期待值很高！
店里宽敞舒适，甜甜圈整齐地排列着。
哇！
品种好多啊！因为很受欢迎，所以也会有所剩无几的情况。
新鲜出炉啦！
森女风的店员
哇！太幸运了！
开心
开心
手舞足蹈中

但是我已经有点饱了，真的没问题吗？
小声说……
呼呼
没问题啦！
活用面包师傅的技艺，制作高规格的甜甜圈。
赞！
使用两种不同的酵母进行发酵。
松软
松软
每一个都是手工捏制成型再油炸。
和普通的甜甜圈是不同的！不仅美味，而且吃起来完全没有负担。好像能轻松地装进你的第二个胃里一样哦！
于是我们就在店里的用餐区享用。
说真的啊……
闲话家常中的主妇们。
这张桌子好复古啊！
摸
来了！杯子是陶瓷的！
使用百分之百丹波黑豆磨成的黑豆粉！天然酵母甜甜圈（黑豆粉），147日元。
水果香草樱桃茶，472日元。
发芽玄米甜甜圈（番薯和黑芝麻），168日元。
冰咖啡，472日元。
一口咬下去
!!
啊啊！真的好软！好像空气一样！真的是不管吃多少个都不会有罪恶感呢！
好松软！
我就说嘛！
我这个很有嚼劲，吃得到整块的番薯，番薯入口即化，好香甜哦！
明明很饱却还能战斗，我也被自己吓到了！
*商品内容有可能出现更改
回家路上
今天感觉怎么样啊？
呀——
真的觉得京都的面包水平实在是太高了！
满足状
大满足！
真是每天都有吃不腻的面包啊，真是爱得不得了了！
面包销售量全国第一的地位我们是不会拱手相让的！
明天我们也吃面包吧！
加油！
两个人在鸭川边再次表达了对面包的热爱。

番外篇
实际上，我们还去了第五家。
我们现在去的是咖啡厅哦！
咖啡厅！
那里的鸡蛋三明治很不错哦！
我们即将前往的是世界遗产二条城附近的『Kissamadoragu / Madoragu 咖啡店』。
COFFEE
啊啊！好复古！
那个招牌上面的『Sebun』是什么意思啊？
*达特咖啡
*Sebun 咖啡店
原来如此！这里原来就是 Sebun 的旧址嘛，老板刻意保留下来的招牌。
Sebun 咖啡店
从 1963 年起持续经营 50 年的老字号咖啡店，因为老板去世，所以后来就关门了。
据说这家『Madoragu』是在『Sebun』原有的格局上进行了创新而开设的。这里的老板和老板娘都非常热爱咖啡厅文化，所以重新营业时就将『Sebun』的风格保留下来了。
我也感受到了！这家店里面处处洋溢着古色古香的味道。
这张调色板形状的桌子原来也是以前“Sebun”的！真的好可爱啊！
这次我们坐在了沙发座上。
啊！顺便补充一下，这张沙发是缪斯名曲咖啡厅留下来的。
缪斯名曲咖啡厅
原是梶町的一家老字号咖啡厅，2006 年结业。
连这里也充满着咖啡店的历史感……
就像来之前说的那样，我们来尝一下这里的鸡蛋三明治吧！
Korona 西餐
原是四条木屋町的一家咖啡厅，很可惜 2012 年也结业了。
不过，『Korona』的老板将自家的招牌菜传授给了这里的老板哦！
让你们久等了！
老板娘是一位时尚有型的美女呢！

这张椅子也是Sebun的！

Hitsuji

贴心的外卖

如果要外带的话……

附有可可粉

天然酵母巧克力甜甜圈，157日元。

也会附有黑豆粉和三袋黑糖的甜甜圈。

撒撒撒

① 将可可粉倒进袋子里。

② 摇一摇

摇晃

摇晃

好开心啊！

啊啊！

③ 开吃！！

附着在甜甜圈上的可可粉很清爽，即使是外带也能享受到宛如刚出炉的美味口感，真的太贴心了呢！

日本首屈一指的面包街

日本最初卖法式面包的店，
是在现在京都大学附近的进进堂（京大北门前）。
既重视传统，也追求现代化的京都人，
从前就很喜欢传统口味的面包。
面包销售量全国第一的头衔，绝非浪得虚名。
实际上，在京都的街上随便溜达，都会遇到各式各样的面包店。
京都人会不遗余力地不断寻找属于自己的那一款面包。
温暖的季节里，一边享受鸭川边的美景，一边享受面包的美味，
也很有风味哦！

吃饱饱推荐店面

Flip up！
京都市中京区押小路大道室町向东走
蛸药师町 292-2
电话：075-213-2833
营业时间：7：00-18：00
周一、周日休息

NAKAMURA GENERAL STORE
京都市中京区室町押小路向西走蛸药
师町 293-1
电话：090-3652-0454
营业时间：11：00-18：00
周日休息

Croix-Rousse
京都市中京区西洞院大道四条往上走
螳螂山町 468-4 CityFirst1 楼
电话：075-204-9049
营业时间：11：00-18：30
周日、节假日休息，另外每月两次周
一不定时休息

Hitsuji
京都市中京区大炊町 355-1
电话：075-221-6534
营业时间：10：00-19：00
周一、周二休息

Kissamadoragu / Madoragu 咖啡店
京都市中京区押小路大道西洞院向东走 北侧
电话：075-744-0067
营业时间：11：30-22：00（截止点菜时间为 21：30）
周日休息

应有尽有的鸡肉料理

——京都的精髓

⑥炭烧鸡串 Kimura（熊野神社）

⑦鸡肉料理 An（净土寺）

⑧鸡匠舞 佐平（祇园）

我们终于进入到……
鸡肉料理的篇章！
所有的肉里面，我最喜欢鸡肉啦！
出发！
因为京都市在内陆，距海比较远，而且被群山围绕，所以从很久以前开始，养殖鸡就被认为是很重要的蛋白质来源。
咯咯
京都也有专门卖鸡肉的门店，从小我就去帮妈妈买！
麻烦来两百克鸡腿肉！
好的，现在马上去切，请稍等！
对京都人来说，鸡肉是很熟悉的食材。
京都的鸡肉店叫“Kashiwayasan”。
因为吉田小姐也很喜欢吃鸡肉，所以去之前我们就已经很兴奋了。
喘
喘
我……我脑海里都是满满的鸡肉！
我的脑海里不断呐喊着口号
鸡肉！鸡肉！鸡肉！
第一家是和吉田小姐工作上的前辈兼酒伴S先生一起去的！
S先生
说：
虽然店家是五点半开门，但因为是很有人气的店，去晚了可能要排队，所以我们五点就出发吧！
好的！
我几点都可以哦！
我们前往的是在熊野神社附近的『炭烧鸡串 Kimura』。
这边哦！
后面的车库里摆放着桌椅！很有大排档的感觉，应该会很有趣呢！

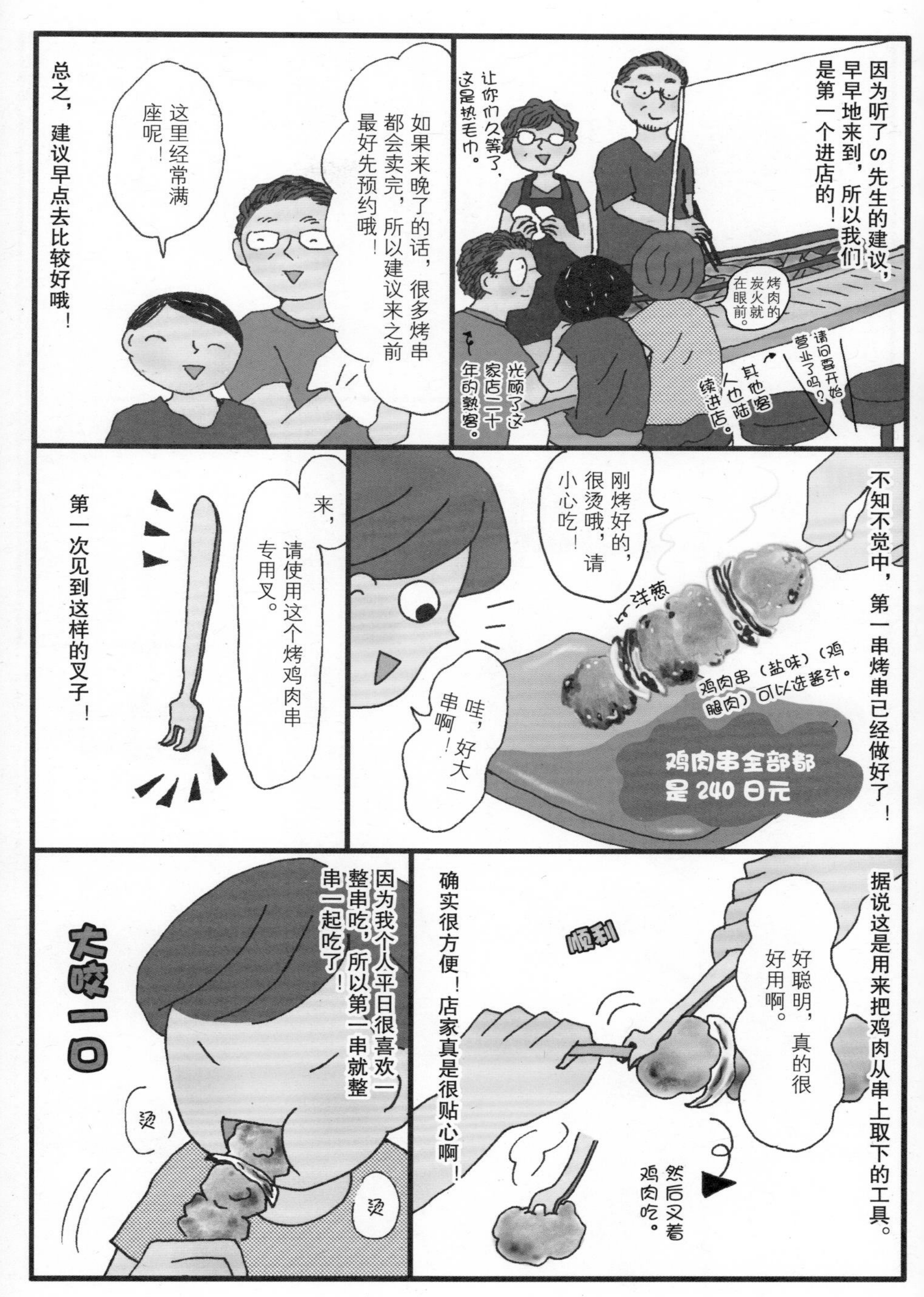

因为听了S先生的建议，早早地来到，所以我们是第一个进店的！
让你们久等了，这是热毛巾。
烤肉的炭火就在眼前。
请问要开始营业了吗？
其他客人也陆续进店。
光顾了这家店二十年的熟客。
如果来晚了的话，很多烤串都会卖完，所以建议来之前最好先预约哦！
这里经常满座呢！
总之，建议早点去比较好哦！
不知不觉中，第一串烤串已经做好了！
刚烤好的，很烫哦，请小心吃！
洋葱
鸡肉串（盐味）（鸡腿肉）可以选酱汁。
鸡肉串全部都是240日元
哇，好大一串啊！
来，请使用这个烤鸡肉串专用叉。
第一次见到这样的叉子！
据说这是用来把鸡肉从串上取下的工具。
好聪明，真的很好用啊。
顺利
然后叉着鸡肉吃。
确实很方便！店家真是很贴心啊！
因为我个人平日很喜欢一整串吃，所以第一串就整串一起吃了！
大咬一口
烫
烫

鸡肉好有嚼劲！
超好吃的！
这个火候毫无疑问绝对是烧烤最好吃的状态！
才吃了第一串，我觉得我已经完全爱上这家店了！
心中默默地这么认为……
你也来也尝尝这种特制的酱汁，这种酱汁真是超级好吃的哦！
勺子
酱汁盛在大啤酒杯里，可以随意取用放在自己的小碟子里哦！
嚼
这种酱汁蒜味浓厚，是会让人上瘾的味道！
炭火精心烤制的烤串每一串都很美味！
用炭火慢火烧烤的肉串，每一串都是极品啊！
鸡肉烤串军团
均价 240 日元
肉里渗出来的油也很好吃！！
鸡皮烤串
真的很大一串！一鼓作气吃完感觉很畅快！
隐约的焦香味，香得不得了！
弹性十足！
鸡脖子肉
这种搭配特制酱汁也很美味哦！
鸡心烤串
软软的毫无腥味的鸡心！
吉田小姐最喜欢的烤串！
热度刚刚好！
真好吃啊！
软骨烤串
好有嚼劲！口感很丰富，而且肉汁很饱满哦！

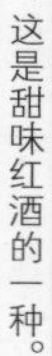
*这是甜味红酒的一种。

啤酒喝了不少的时候，大家还意犹未尽。
等下再来点红酒吧！
好哦！
老板娘走到前面为我们倒酒。
好害羞，这样看着人家……
倒不停
啊！
还能继续倒？
*红酒420日元。
直直盯着
惊讶地看着！
酒依靠着表面的张力没有溢出来，喝这样一杯真的很满足！
就快要满出来了
刚好倒满
老板娘倒酒的技术真是一流。
红酒搭配肉汁满满且有弹性的烤串，真的是天下一绝！
右手烤串，左手红酒。
呼呼呼
好……幸……福……
后来又把鸡肉、鸡脖子肉、软骨烤串再点了个遍。
这里不仅有鸡肉烤串，蔬菜烤串也很足量！
香菇烤串
肉质扎实又厚的香菇！好诱人！
有点儿焦色，看起来让人口水直流。
蔬菜烤串 均价240日元
这些也很推荐哦！
新鲜多汁的一串！
吼吼吼！串得满满的！
芦笋烤串

gs 这个称号也是常客取的。

S先生，这种做法的烧烤真的很好吃！你应该早点儿告诉我们呀！
不过我喜欢的还是这里的盐烤口味！
作为常客，这也许是S先生的对于美食的一种坚持吧。
我是不会改变对盐烤口味的爱的。
充分享受烤鸡肉串后，我们的第一站就结束啦！
我还会再回来的！
吃再多也不会觉得厌烦的烤串。
第二家店是位于北白川的『鸡肉料理An』。
外观看起来非常朴实沉稳。
あん
吉田小姐会经常来这家店，因为这也是之前S先生带她来喝酒的地方！
这可是祇园的艺伎们推荐给我的哦，所以我也推荐你们去吃吃看！
艺伎吗?!
很有兴趣的样子！
吧台跟内侧都可以坐！我们选了里面的座位。
全家一起来用餐的客人。
欢迎光临！
非常和蔼可亲的老板、老板娘。
复古电话
这里有一种能让人彻底放松下来的魔力。
负责编辑的白川先生也一起来了！！是位优雅的人。
这里感觉让人很安心，就像在自己的爷爷奶奶家里一样。

首先上的菜是鸡汤。
热气腾腾
看起来好好喝的样子，汤面还漂着一点鸡油脂。
啊，真好喝！
暖和
可以慢慢品尝出鸡高汤的味道，真是暖到心里了！
虽然这里每一样都很不错，生鸡肉拼盘和火锅是这里的推荐菜式，我们就点这些好不好？
没问题！
虽然菜单上没有写价格，但这里的价格其实就是平常普通水平，所以可以放心点菜哦！
想要吃饱喝足的话，一个人大概三千五百日元。
让你们久等了，这是生鸡胸肉。
这是什么？
是生鸡胸肉！
上面放着姜。
生鸡胸肉
500日元
咬一口
唔唔唔——
冲击！
和生姜很搭，超好吃的！
一夹起马上吃
一夹起马上吃
真的很有嚼劲，很新鲜！
很新鲜而且口感很棒！
对吧！新鲜才能这样吃呢！

鸡心刺身
葱和芝麻
700日元
来啦——
啦啦啦啦
啦啦啦啦
最喜欢鸡肝、鸡心这种鸡杂了！
兴奋
兴奋
跟配好的黄芥末一起搅拌着吃。可以吃到七到八个我最爱的鸡心！真的非常难得哦！
搅拌
搅拌
嗯！口感一流，全无腥味，真好吃……
就是这个！就是这个味道！
这味道该怎么说呢，
一开始感觉黄芥味『哔——』的一下在嘴里扩散开来，然后一阵飘香的麻油味出现了。
接下来丰富的口感真有意思，从这道菜可以感觉到，鸡真是潜力无穷呢！
炸鸡腿肉、蒸鸡腿肉也继续吃饱饱！
鸡肉软嫩，而且完全不油腻！让人回味无穷！
蒸鸡腿肉 700日元
炸鸡腿肉
400日元
蘸着黄芥末和酱油一起吃。
酥酥脆脆
一道很清新的炸鸡。♡
终于要上火锅了！
来啦！
让你们久等了。
哇哇！

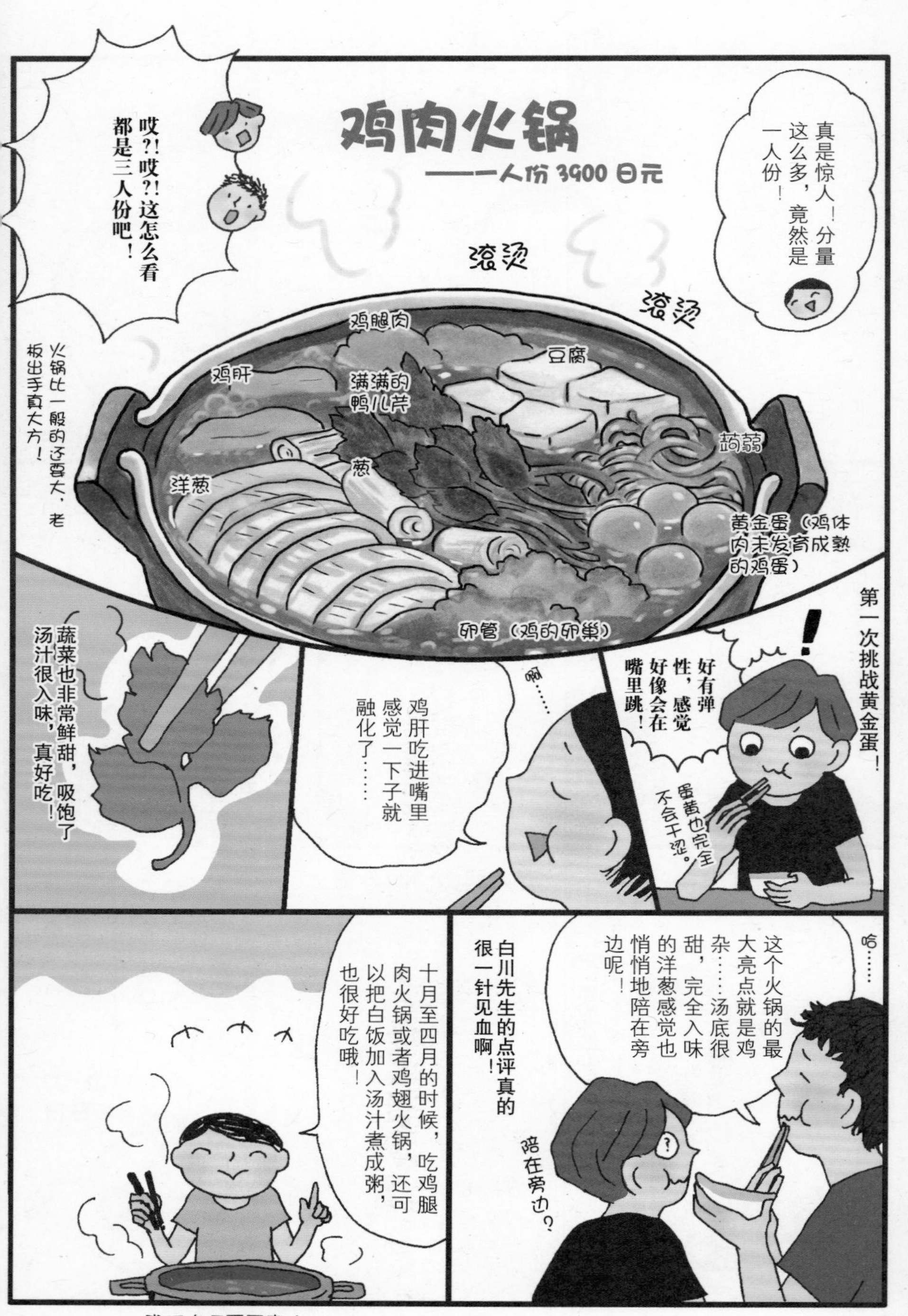
鸡肉火锅
——一人份 3900 日元
真是惊人！分量这么多，竟然是一人份！
哎?!哎?!这怎么看都是三人份吧！
滚烫
滚烫
火锅比一般的还要大，老板出手真大方！
鸡腿肉
鸡肝
满满的鸭儿芹
豆腐
蒟蒻
葱
洋葱
黄金蛋（鸡体内未发育成熟的鸡蛋）
卵管（鸡的卵巢）
第一次挑战黄金蛋！
好有弹性，感觉好像会在嘴里跳！
蛋黄也完全不会干涩。
啊……
鸡肝吃进嘴里感觉一下子就融化了……
蔬菜也非常鲜甜，吸饱了汤汁很入味，真好吃！
哈……
这个火锅的最大亮点就是鸡杂……汤底很甜，完全入味的洋葱感觉也悄悄地陪在旁边呢！
陪在旁边？
白川先生的点评真的很一针见血啊！
十月至四月的时候，吃鸡腿肉火锅或者鸡翅火锅，还可以把白饭加入汤汁煮成粥，也很好吃哦！
我下次还要再来！

鸡高汤和白饭很好地融合在一起，真的太棒了！
热滚滚
冬天一定要来这家店吃这个火锅！
流口水
真好
鸡汤茶 450日元
可以选择鸡汤或者茶！
芥末 海苔
芝麻 鸡肉
太碗
现在是八月，所以我们选了鸡汤！
好清爽
里面盛了好多鸡肉哦！
一股脑地吃
好清爽
味道很清新，一下子就吃完了，可以吃到好多鸡肉的奢华茶泡饭。
我们还会再来的哦！
离开的时候，老板和老板娘很热情地向我们挥手，直至我们看不见为止，真的让人觉得很暖心啊！
真的像是从乡下外婆家要离开时的感觉……
虽然我的亲戚们都住在京都。
来吧！终于要到最后一家店啦……
那不是超有名的外卖店菱岩吗？
神奇的平衡感。
哇！
在祇园的花间小路等吉田小姐中。
菱岩
菱岩
咻——
居然偶遇了舞伎和艺伎们！
GEISHA！（艺伎！）
外国人真是兴奋！
Beautiful！（好美啊！）
不管见过多少次艺伎，每次见到还是会觉得很幸运！

听说好像还是鸡年出生的。

请慢用。
当天进货的现切生鸡肉拼盘
1200日元
鸡胸肉
鸡肝
砂囊
鸡柳
这摆盘看着也好美哦！
生鸡肉拼盘
就是将养了两年半的鸡做成刺身，所以这些鸡肉非常鲜甜！鸡味会比其他鸡更浓！一周只进一次货！因为是早上现杀的鸡，所以鲜度也与众不同！
第一次吃生的砂囊。
脆
脆
虽然吃起来很有嚼劲，但是口感很脆。
很有趣的口感。
鸡胸肉稍稍带黏性，
感觉入口即化！
特别让人感动的是这个！
麻油和盐
像黄油一样在嘴里瞬间融化掉了……
这是幻觉吗？
这到底是什么?!没吃过的味道，好特别……
那个……
!
寺井小姐，鸡肝好吃吗？
啊！
是鸡肝哦。
不是吧！这居然是鸡肝？
一点儿腥味也没有！超级好吃啊！
真的让我很震惊！一直以来我都不敢吃肝脏呢！

*砂囊又叫作『鸡胗』。

* 因为是很稀少的部位，所以数量有限。

这个味道我真的是太喜欢了！
高兴得颤抖
吉田小姐？
有点像鸡肝那种入口即化的感觉，又有点像鸡皮那种酥脆的口感，兼具了美味的各种要素！我喜欢！超喜欢！
兴奋得不能自己的吉田小姐。
这个是盐鸡翅。
这个也是周二限定！
650日元
太完美了——
闪电般的冲击
我喜欢这个味道啊！
这次轮到我控制不住自己了。
越嚼就越能嚼出鸡肉原始的鲜甜味。
好想一直嚼下去！
感觉鸡肉原有的鲜甜味一下子就浓缩到一起了！
鸡肉万岁！
鸡除了嘴巴和肺以外，其他部位都可以吃哦。
要不要试一下别的店里吃不到的部位呢？
真的吗？
我以前真的不知道呢。
我想吃！
说到鸡肉料理，老板就侃侃而谈，感觉整个人都在发光！从中也能感受到老板对鸡肉料理满满的热情！

* 因为是稀少部位，所以数量有限。

所以无论蘸不蘸酱都很好吃！两种吃法都各有千秋哦！
因为鸡本身就很新鲜！
使用高汤调味的玉子烧完完全全吸收到了鸡汁，酱油、萝卜泥啥的都不用蘸了！
单单是这样就已经很完美了。
一直在纠结最后一道菜要吃什么……
要吃拉面吗？选什么好啊……
啊，如果我的胃再大一点就好了，也很想再吃个咖喱蛋包饭呢！
最后选了拉面作为结束菜！
佐平拉面 700日元
高品质的汤头完全不逊色于拉面店的高水准！味道很浓郁！虽然已经吃饱了，但是还是忍不住想吃！感觉所有鸡的精华都浓缩在了里面！
浓郁
这家店虽然是在祇园的黄金地段，但是价格真的是经济又实惠！
全身都被这里的鸡肉料理治愈了！大满足！
呼，根本不可能剩下！
各种稀有的部位也能吃到，真的是很棒的一家店啊！
如果各位要去的话，一定要坐吧台哦！
如果不嫌弃的话，请吃吃看吧！
因为希望顾客能尝到更多的不同风味，所以老板会赠送一些小吃给客人试吃哦！
炸松叶带骨的鸡肉好香。
由此可见京都人对于鸡的执着与讲究，其实是注入了满满的爱啊！
抱紧
我这辈子都要和鸡一起好好生活下去……
希望各位都能吃到更多美味的鸡肉料理哦！

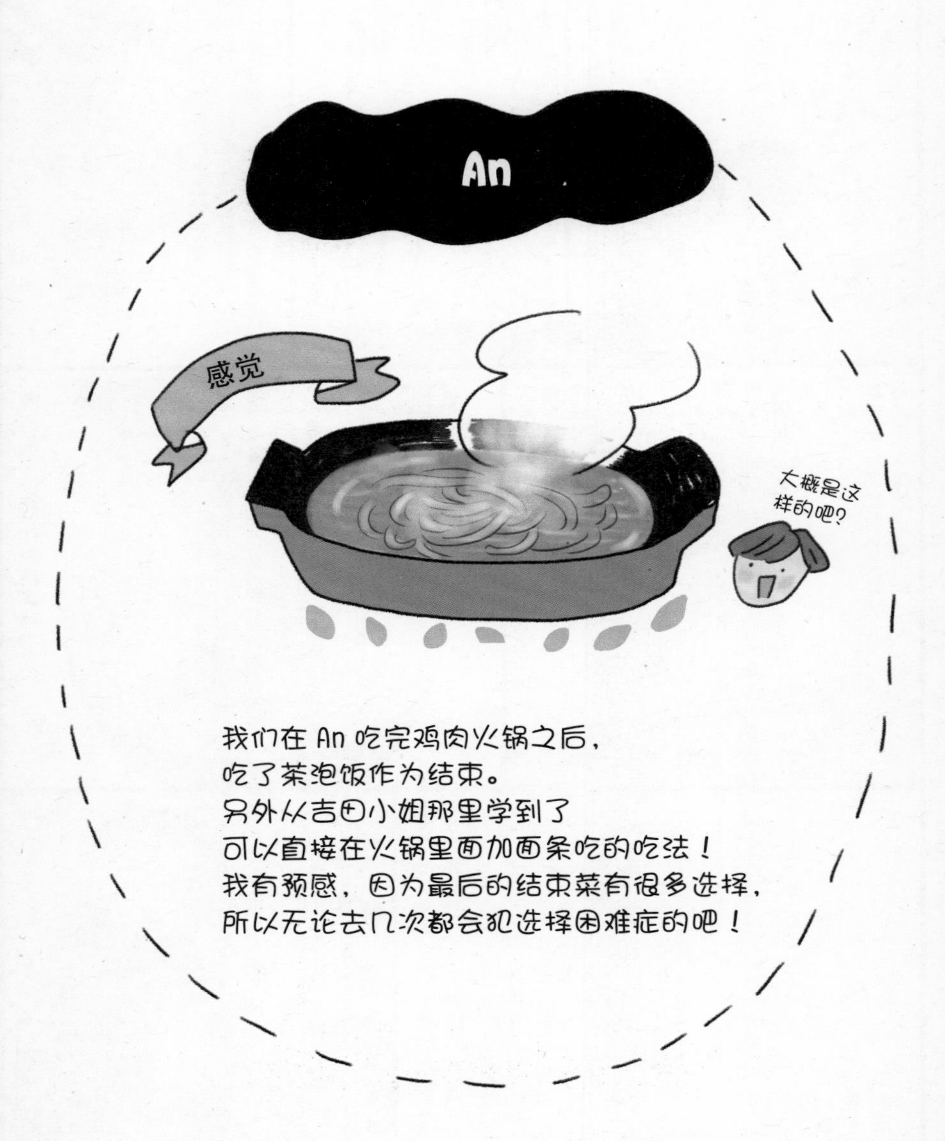

我们在 An 吃完鸡肉火锅之后，
吃了茶泡饭作为结束。
另外从吉田小姐那里学到了
可以直接在火锅里面加面条吃的吃法！
我有预感，因为最后的结束菜有很多选择，
所以无论去几次都会犯选择困难症的吧！

店长有话说

你们两位是开店至今一次性尝过鸡最多部位的客人了！

我们一吃就停不下来，
俩人一直吃个没完，结果
察觉到时间时竟然已经过了四个小时了！
这段时间，从鸡冠到掌中宝，
我和吉田小姐一直沉浸在鸡肉的美味世界里。
真·是·幸·福！

喜欢鸡肉的理由

虽然在关西说到“肉”的话，通常指的是牛肉，
但是京都人不论男女老少都深深爱着鸡肉料理。
除了以上介绍的三家店之外，
京都街上还有很多其他的鸡肉料理店和鸡肉专门店。
其中一个原因是京都有着占日本第一的寺院数量。
由于佛教是禁止吃牛肉和猪肉的，
所以自古以来，京都人喜欢吃鸡肉，
可能也包含着这样的宗教因素吧。

吃饱饱推荐店面

炭烧鸡串 Kimura

京都市左京区川端丸太町向东走 东丸太町 44
电话：075–752–0924
营业时间：17：30– 直至售罄为止
周日、节假日休息
（夏季是周三、周日、节假日休息）

鸡肉料理 An

京都市左京区净土寺下南田町 33
电话：075–751–7869
营业时间：17：30–23：00（直至售罄为止）
周四休息

鸡匠舞 佐平

京都市东山区花间小路道富永町往上走 清本町 352 SAKIZO 花间小路大厦 1 层
电话：075–551–6606
营业时间：18：00– 凌晨 3：00
周日、节假日休息

京都人喜爱的新奇美食——绝顶的异域风味

⑨印度食堂 TADKA（高仓押小路）

⑩HUONG VIET（东洞院押小路）

⑪泰国厨房 Pakuchi（河原町丸太町）

此项优惠只限于十三点以后就餐的客人。

让您久等了
今天的配菜拼盘 890日元
今天的炸物是炸茄子。
薄荷、印度风味鸡肉和蔬菜拼盘。
辣味拌炒菜，蔬菜咖喱，是有汤汁的咖喱。
泡菜豆饼，豆子煎饼另加有泡菜的蘸酱。
茄子的外皮软绵绵的，好鲜甜。
又松又软
不过后劲有点儿强，辣辣的！
从未吃过的口味。
啊，香辛料让身体热起来了，这个时候就应该要有一杯啤酒啊！
好冰！
印度啤酒，650日元。
啤酒的牌子会因为进货的不同而有所变化，这款是口感很清爽的啤酒！
接下来就是咖喱登场了！
是柠檬色的米饭！柠檬饭 600日元
米饭中掺杂着用油炒过的香辛料和腰果，再淋上新鲜的柠檬汁。
南印度咖喱鱼 980日元
热气腾腾
里面有剑鱼哦！加入椰浆香味浓郁的南印度咖喱。
三种酸辣酱拼盘 400日元
咖喱香辛料，可增加食物原味。
登场
番茄酸辣酱
香菜薄荷酸辣酱
椰子酸辣酱
柠檬饭
味道怎么这么香啊？
好香啊！
好香啊！
弥漫
一吃就上瘾
嗯……已经不知道如何表达这种感觉了！
吉田小姐加以说明！
啊！
超级好吃！
柠檬清新的香气配合辛辣的微甜咖喱，简直就是黄金搭档！腰果也做得很香脆！
真是再多也吃得下！
真是让人终生难忘的味道啊！
发抖
发抖
对，对对对！就是这种感觉！真不愧是美食编辑！
店里还写着用手吃咖喱的方法哦！
在店员的建议下，决定挑战一下印度用手进食的方法！
①先用指尖搅拌混合酱汁和咖喱，迅速抓起一口大小的量。
哇，好烫！
印度人真的不觉得烫吗？！

啊，好不容易抓起来了！
②搓成一团后把咖喱放在拇指以外的手指上面。
③用拇指把饭推进口中。
不停往下掉……
根本拆不稳啊……
用手吃对我来说真的好困难啊！
呼！
擦手 擦手
因为吉田小姐说这里的午间套餐很好吃！
一个人。
呼呼呼，好期待！
快速跑
后来我也来这里吃了午间套餐！

寺井的午餐报告
我去吃过了哟！
这是每日更换的
A套餐！
850日元
炸土豆菜球，加了椰子酸辣酱。
洋葱乳酪沙拉
(+100日元)
豆咖喱
番茄酸辣汤
南印度的胡椒口味，很清爽的味道！
香料生菜沙拉
(无油沙拉)
分量十足！
辣味拌炒菜，茴香炖茄子。
印度薄饼，使用印度的全麦粉制作而成。
泰国米和日本米混合的白饭。
进食方式：吉田小姐传授的好吃进食秘诀。
①用小碗将其中一些菜分开盛。
装好啦。
②在餐盘空出来的位置上，将自己喜欢的菜混合搅拌。
对男生来说，B套餐的大分量更合适哦！
午间套餐B（1050日元）
这个套餐是在A套餐的基础上增加鸡肉咖喱、羊肉咖喱或者是蔬菜豆类咖喱中的其中一款作为附加搭配。
捞一勺
比如可以将番茄酱浇在蔬菜沙拉上，可以随心所欲地组合！
哇哦！
这个洋葱乳酪沙拉带有酸味，让人一吃就上瘾了！
咖喱口味搭配酸酸的生菜沙拉，完美！
可以变化出不同的味道，吃起来真的很开心！
下次要试试不同的组合方式！

第二家是位于东洞院押小路的『HUONG VIET』！
接下来是越南哦！
露天座位
店面看起来感觉不错哦！
这家店可以品尝到由店长亲自前往越南请专人所搭配的香辛料所烹调的越南料理。
情景再现
店主！
……
……
店员穿的是越南传统服装——奥黛。
欢迎光临！
这服装让店里充满越南风情。
新奇的会旋转的吊灯
这里的顾客群也很多样化，既有一家人，也有情侣。
这家店可是深受本地人欢迎的哦！
用鱼露调味的毛豆！鲜甜十足！
免费招待
因为菜单上写着『说到正宗的越南料理，还是贝类料理！』所以我们点了一份柠檬草蒸扇贝。
让你们久等啦！
感觉会是很惊人的一道菜呢！
长这样吗？
好大！
热腾腾
来了——
真是香气逼人！
这个锅大到都把吉田小姐遮住了！
从来没有见过这样的锅！
蘸着酱吃
甜辣酱
柠檬汁
1450日元

这个火锅可以选择牛肉、牛杂或者混合三种，我们今天选了牛肉。

香菜也让你们久等了！
店长
香菜 50g 500日元
将去掉根的香菜加进火锅里可以增加香气，非常推荐哦！
放进去
放进去
香
吉田小姐超爱香菜。
好幸福，我真想自己种香菜。
两人被香菜的味道包围着。
肉只要稍微涮一下就可以吃了。
分量十足的蔬菜和肉搭配起来真的是太棒了！
再加上满满的香菜。
好吃——到发抖
津津有味
香菜和浸满浓郁汤头的牛肉简直就是绝配！
太赞了啊！
辣味也很到位！
好吃得停不下来了。
美味的火锅和菠萝啤酒，勾起了满满的食欲！
呼哈！
干杯！
又甜又清爽的菠萝啤酒，让喉咙很舒服。
筷子完全停不下来。
700ml 1260日元 两个人分着喝
冒烟
盛夏里边吃火锅边喝啤酒，真的太爽啦！
对吧，这种热度反而是好的吧！
冒烟
慢慢地就要见底了。

* 在日本基本上只能吃到干燥的河粉。

这里是以泰国料理和路边摊小吃为主的，每道菜都很不错哦！
首先还是来一份啤酒塔吧！
一旦爱上了啤酒不想喝都不行呢！
哇！有啤酒啊！真开心！
?
?
?
啤酒塔?
这个？
这个装置是把冰块放进去，就能让啤酒保持冰凉。
真的很像一座巨塔啊！
这么棒的设备真是令人兴奋
2L
大概是5.杯中等啤酒杯的分量
2700日元
在泰国的路边摊上基本都有这个。
有各种颜色图案。
可以自己装。
咻——
可以自己装啤酒，真是有趣！
嘻嘻嘻
很多客人都点了啤酒塔，
哇！
干杯！
桌面上耸立着一个个啤酒塔，真壮观！
餐点也接着登场。
香菜沙拉 730日元
一整盘香菜淋上酱汁和着吃，松软又美味！
金钱虾饼 830日元
酥炸虾饼，满满的虾子！
香草炸鸡块 550日元
香香脆脆的口感！！多汁的炸鸡块洋溢着柠檬草等药草的香味，让人感动。

其实我不太喜欢吃虾子……
不好意思……
啊？
是这样的啊。
真可惜，还真的是极品呢！
蘸着泰式甜辣酱就更好吃了。
嗯啊——
要不要吃一口试试看！
啊？好像有点想试试看了。
流口水
我个人偏好圆形的食物，看起来就觉得好吃。
我来试试看
寺井首次尝试中。
蘸上泰式甜辣酱。
哈呼
天啊！这个真是好吃啊！
爆浆
狂吃
外皮很酥脆，热腾腾的！
很有弹性，里面的虾味浓厚又多汁，我可以再来一个吗？
你看吧，很好吃呢！
我居然跟虾子成为了好朋友！我自己都不敢相信！
啤酒塔的啤酒也快喝完了。
我从刚才就想点，要不要来一桶鸡尾酒？
曼谷考山的名产
又追加了一份听起来很吓人的酒……
一桶……桶？
真的是用桶来装的……
让你们久等了！
鸡尾酒装在了透明的塑料桶里，直接端上桌来！桶里还依人数放有吸管！我们点了芒果鸡尾酒。
来吧，大家一起喝！
1780日元
……
如果有办联谊的时候，这个应该是不错的选择。
这就是泰国！我们现在就在泰国！
很有趣！很开心！
大象
沉浸其中

喝完桶装鸡尾酒之后，最后我们点了一份泰国米粉！
让你们久等了！
冲出。
以超级快的速度迅速端上桌。
好快啊！
这个河粉可是很有人气的哦，有很多客人慕名而来呢！
泰式米粉
630日元
放了肉馅儿、蔬菜和香菜。
米粉是由米做成的，河粉的粗细可以选择。我选了『中』！
在泰国随处可见的调味料。
还可以根据自己的喜好添加调味料，这也是乐趣之一啊！
这点真的很重要。
这碗米粉也有浓郁的香菜味，香气十足！
好温和的味道，最适合作为一顿饭的结尾了！
因为喜欢吃辣，所以加了少许鱼露，更能凸显辣味的浓郁口感！
为了完美的结尾，我还点了一份椰子冰哦！
超浓郁！
奶香味！
只有椰子味，没有其他味道！
甜点就直接放在椰子壳内，
480日元
因为实在太喜欢这道甜点了，三个人拼命地用勺子挖着。
从不同角度进攻！!!!
干干净净
请店家把椰子壳洗干净带回去作为纪念。
好棒！
真的太好了！
可以拿来放放小玩意儿。
京都异域美食之旅就这样结束啦！
各位觉得怎样呢？
恍神
以前的我，竟然从来不知道京都还有这样充满异域风情的店！
现在感觉自己就像是一个环游世界的背包客。
就这样怀着感动的心情，踏上了归途。
我回来啦！
从泰国回来了呢，还去了印度和越南一趟哦！
这孩子在说什么？
母

下定决心要去越南南部的吉田小姐，
真是对香菜“爱爱爱不完”呢！

泰国厨房 Pakuchi
老板不经意地从“Pakuchi”往外看，
发现是人来人往的河原町大道！
因为这里很像泰国的街道，
所以选择了在这里开店！
不过坐在这里，感觉真的好像能
感受到泰国的异域风情呢！

真正的异域风情之旅

虽然京都的美食总是给人一种日式料理的感觉，
但可能因为有许多来自世界各地的留学生，
所以现实中的京都的异域美食也是很地道的。
在这其中较为有人气的，是这三家——
新店开张势头正猛的“Pakuchi”、咖喱爱好者的重点关注对象“TADKA”和追求味道本地化的“HUONG VIET”。
地道的味道与空间装饰，让人虽然身在日本，
但是吃个饭就像是出国旅行了一样。
欢迎来到泰国、印度、越南，
今天，你又打算去哪个国家呢?

吃饱饱推荐店面

印度食堂 TADKA

京都市中京区押小路大道高仓向西走左京町 138 Binokukuribia 1 楼
电话：075-212-8872
营业时间：
12：00-15：00
（点餐时间截至 14：30）
18：00-22：30
（点餐时间截至 22：00）
周二休息，另外每月一次不定时休息

HUONG VIET

京都市中京区押小路大道东洞院向西走 西押小路大道町 118
电话：075-253-1828
午餐 / 周一、周三至周五、节假日：
12：00-14：00（点餐时间截至 13：45）
周末：12：00-15：00（点餐时间截至 14：30）
晚餐 / 周一、周三、周四、节假日：
18：00-22：00（点餐时间截至 21：30）
周五、周六：18：00-21：00
（点餐时间截至 20：30）
周日：18：00-21：30（点餐时间截至 20：30）
周二休息

泰国厨房 Pakuchi

京都市上京区河原町大道丸太町往上走 枡屋町 374 Roleksu 田村 1 楼
电话：075-241-0892
营业时间：
11：30-14：30（点餐时间截至 14：00）
18：00-22：00（点餐时间截至 21：30）
周末、节假日：
17：00-22：00（点餐时间截至 21：30）
每月最后一个周一休息（节假日照常营业）

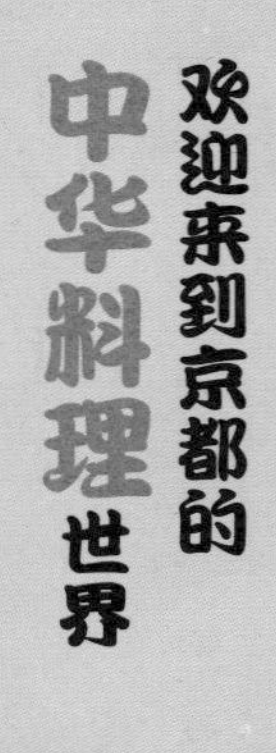

⑫凤飞（堀川紫野）

⑬Chukanosakai（中华的料理）（御薗桥店）

⑭四川料理 骆驼（北白川）

⑮系仙（上七轩）

有什么特色之类的吗？
当然有啊！
这次我还特别邀请了京都中华料理的大师村濑先生同行。
有什么问题请尽管问！
初次见面
美食编辑
村濑先生
单行本《京都的中华料理》的责任编辑。
京都中华料理？！
京都中华
这两者好像很难联系在一起。
说到中华料理的特色，
关于京都的中华料理
• 使用海带高汤的店家很多
• 很多店会在汤里放香菇
• 不怎么用大蒜
• 油尽量少用
偏好味道不会太强烈，比较清爽的食物。
原来如此……
至于为什么呢？因为京都有知名的花街，而且有很多工艺师把家作为工作地点，所以尽量不把味道带进工作场所对他们来说是很重要的！
原来如此！
因为经常要外出工作，所以和服上有强烈的味道的话就很麻烦了！
我们这次要去的店就是这些啦！
京都中华料理的代表名店。
凤飞
当地民众喜爱的代表店。
清淡的粤菜
东仙
位于花街的中华料理店
和京都中华料理略有不同风貌的两家店。
骆驼
辛辣东列地道川菜
Chukanosakai
招牌冷麦面
与村濑先生一同出发去第一家店。
转转
转转
GO！GO！

首先是位于北大路的『凤飞』。
我还以为是普通民宅。
一开始就被这不太像中华餐厅的外貌吓了一跳。
此外，就像村濑先生说的一样，店里完全没有油烟味。
地板也好干净。
虽然开店只有短短十分钟，但是店里却几乎坐满了人，真是惊奇！
总算坐下来了，村濑先生为我们点了几款推荐菜式。
这个那个
叉烧、糖醋肉和芙蓉虾。
然后是——
这个那个
好期待
竟然这么快就有卖完的菜肴了，这也让我很诧异呢！
不好意思，叉烧肉已经卖完了。
啊……太可惜了。
店员们都忙前忙后的，但是下起单来非常麻利，真是非常专业！
熟客每年赠送给店里的招财猫排成了一列。
老板娘
把这个拿过去吧。
里面是厨房。
你好！这里是『凤飞』。
吧台的上面放着的是外卖用的盒子！基本上每样菜品都可以叫外卖。
外卖的电话源源不断。
首先上来的是——
让你们久等了！
老少咸宜的味道！
哦、！

满满的豆芽！
还有虾仁、青椒、猪肉、葱、竹笋和香菇。
叉烧炒面
580日元
糖醋肉
大块的青瓜和整块的猪肉。
热腾腾
颜色漂亮
菠萝酸酸甜甜真开胃！
850日元
酸酸甜甜的酱汁非常浓郁，和配菜的味道非常搭！
猪肉的面衣也吸饱了酱汁，麻油的香气也非常清爽！
炸过的炒面非常有嚼劲，里面还放了很多蔬菜，好开心！
葱炒得非常软，豆芽和青椒咬起来脆脆的！是完全突出了蔬菜味道的炒面！
让你们久等了！
店员们穿着自己喜欢的围裙。
烧卖
500日元
肉汁满满
弹牙有劲
哇，来了来了！最喜欢这个了！
哦哦！烧卖的皮非常薄！能清楚地看见里面的肉馅。
蘸一些醋酱油和黄芥末……
蘸一下
一口吃下去

嗯——
饱满的烧卖很有吃肉的感觉！
这种清脆的口感是什么东西啊？
那是荸荠哦，很独特的口感吧？
烧卖和荸荠的搭配真是太棒了！
清脆
清脆
清脆
清脆
荸荠
京都的一种传统蔬菜。
菜一道道上来了！
炸春卷 800日元
炸得香香脆脆
炸春卷颜色金黄，炸到恰到好处，让人直流口水。
香味扑鼻——
呜哇！又香又脆的春卷，香气十足啊！
春卷里面是竹笋
香菇
虾子和猪肉
芙蓉虾 830日元
在煎过的鸡蛋上淋上大量的芡汁，
虾应该就在里面吧！
真令人期待！
鸡蛋很松软，入口即化！真的是煎得恰到好处啊！
洋葱清脆的口感也让这道菜显得更加美味！
虾肉也非常爽口弹牙。
我来我吃
好吃
停不下来
好吃
……

最后我们吃的就是这个——
看起来有点儿辛辣的芡汁，散发出耀眼的光辉！分量十足！
椒酱酥鸡
很有分量
850日元
来到凤飞一定要吃这个！
鸡肉啊♡
我最喜欢鸡肉了！
炸过的鸡腿肉
浓郁的勾芡，包裹着让人上瘾的辛辣味。
咔嗞
鸡肉炸得非常酥脆！这个勾芡真是绝妙，舌头马上麻了起来！
辣 辣 辣
不好意思，麻烦来一碗白饭！
这是非常下饭的味道啊！
辣味后劲很强！配白饭真是太搭了！
哈呼
哈呼
这个菜放了辣椒酱和用海带、鸡肉做成的高汤哦！
比预想中的还要辣，但是好吃，非常好吃！
配啤酒也不错！
稍带酸味的勾芡让人欲罢不能，真的完全停不下来，吃完鸡肉后，
把芡汁倒在白饭上，整盘菜都能吃得精光！
浓稠

虽然之前会担心少油的料理味道会太清淡，但是真正吃起来，却爱上了这个味道。
希望你们在其他店也吃得很开心！
村濑先生，谢谢你！
好的！认识这家店真是太好了！
第二家是在上贺茂神社附近的『Chukanosakai 中华料理御薗桥店』。
那家店真的是很好吃！
赞同！
进去前听到这样的对话，期待度更高了！
两个年轻人来势汹汹地冲了过来。
说到凉面还是『Chukanosakai』中华理料的最好吃，说到『Chukanosakai』中华理料最好吃的还是凉面！
就是这样！寺井小姐！
这么有名的冷面当然要点啦！
等待的期间看到很多当地人来这里打包外卖。
请给我五盒凉面！
好的！
穿着超休闲……
周围的人也都点凉面，这是有多受欢迎啊！
我要大碗的！大碗凉面！
我也是！
我也要凉面！
这里的凉面使用的是特制的粗面，所以煮到全熟的时间稍微长一些。
我们一边喝啤酒，一边等吧。♡
真好喝！
很多客人是一家人来的。

凉面上来了！
火腿凉面
640日元
哇！终于上来啦！！
海苔香气扑鼻！这些面是从生面开始煮的，看起来非常粗。
兴奋
兴奋
上面放着黄瓜、火腿。
叉烧凉面
690日元
这两种面的差别在于放的是火腿还是叉烧，火腿的味道更清淡。
这家店的凉面其实不是很凉，是以酱汁和面的完美搭配来取胜的！
我开动啦！
真是不管什么季节都想吃凉面啊，最喜欢简简单单的凉面了！
吸溜
呼噜噜
吞
这种粗面一口咬下去太弹牙了，就像橡皮糖一样！
很有嚼劲！好弹牙！
加上浓稠的酱汁，一起吞下去就真的完美了，对吧？
对啊！
好弹牙！

还有这种酱汁？和至今为止吃到的凉面酱汁完全不一样！
怎么形容好呢？
如果一定要打个比方的话，有点像日式料理中的蛋黄香醋，汤头是用鸡骨提炼的鸡汤，跟芝麻酱的颜色有点像，但好像没有放芝麻哦！
酱汁的做法是商业机密哦！
叉烧很够味儿，跟酱汁搭配得天衣无缝！
来一口脆脆的
黄瓜和紫菜
一下子就吃完了！
感觉我们能吃大碗的……
下次来就吃大碗的！
一定吃得下！
下定决心下次来就吃大碗的两个人！
寺井小姐！
你感受到了中华料理的魅力了吗？表面上清淡但实际上非常深奥哦！
是的！
非常美味！如果可以的话，还想感受一下辛辣够劲儿的京都中华料理！
接下来还有几家很不错的店哦！有一家很容易让人上瘾的四川料理店，而且那里的午餐价格还非常实惠！
噢——！
好想去哦！
于是我们就来到了第三家，位于北白川的京都造形大学附近的四川料理店『骆驼』！
らくだ
（招牌：骆驼）
店的外观非常像咖啡厅，非常可爱！
外观以绿色为基调。

说到麻辣，不得不提到辣椒和花椒。
吉田演说
这家店是以辛辣闻名的，它的辛辣攻击力可是京都第一！
噔噔！
我们点了吉田小姐的推荐菜式。
麻烦给我回锅肉麻辣鸡套餐，还有麻婆豆腐特价午餐！
菜品中会使用到的中药材。
随处可见的骆驼摆设品。
套餐里的白饭可以续碗，还配有汤和榨菜，非常实惠！
上桌
蛋花汤。
很容易入口的清爽味道。♡
连筷子架也是骆驼形状的。
回锅肉麻辣鸡套餐 2100日元
（单点回锅肉或麻辣鸡1680日元）
这是麻辣鸡。
蒸过的鸡肉和黄瓜在下面哦！
咚！
好厉害！看起来好辣，酱汁好多！
就是这个，这就是花椒酱汁！
口中冲击
山花椒的辣味『噼里啪啦』地在嘴里延伸，后劲好大！
小黄瓜很鲜嫩多汁，味道不错！
呼呼呼，这还只是刚开始呢！
这麻辣的感觉就是四川料理的精髓了！
吃完后喝碗鸡蛋汤，可以降低辣度哦！

回锅肉
炒到焦黄的配料配上甜面酱、豆瓣酱、豆豉酱真是太赞了！
花椒好香！
热腾腾
连肉里也是辛辣味，非常入味，香菇还有隐约的甜味。
哈呼
哈呼
又辣又好吃！
白饭完全停不下来
边吃边流汗，实在是太爽了！
麻婆豆腐
1000日元
这和至今为止吃到过的麻婆豆腐的颜色完全不同！
磨成粉的中国花椒吃起来非常新鲜，这里的麻婆豆腐只要吃过一次，便会永生难忘！
很少有人能将花椒的味道做得如此凸显！
放到饭上，
咕噜
和白饭一起吃下去！
真是畅快的辛辣啊！
好舒畅！

两个人都续了碗白饭。
没有想到更喜欢啤酒的吉田小姐也续了饭。
麻烦续碗！
请问需要多少饭呢？
不可思议的是，吃完后汗都没有了。
好清爽！
我们同时感觉到了这种妙不可言的愉悦感。
最后一家店位于京都上七轩花街。
和吉田小姐约在店里会面。
这里？真的是这里吗？
智能手机
上七轩的位置
北野天满宫
在这附近
御所
二条城
细窄的小巷里突然出现了一间明亮的商铺。
系仙
（招牌：系仙）
这就是『系仙』！
就是这里！
这里有吧台和日式座位，平日里也总是满客！
这家店整理得非常整洁，完全没有油烟味！
这家店真的很有人气，好不容易才订到的位置！
幸亏吉田小姐提前预约了，所以我们才能顺利入座！所以预约是必不可少的哦！

我们选择了吧台座位。
两杯啤酒是吧？
先来两杯啤酒。
老板娘
我们的面前就是厨房！
这里的中华料理跟『凤飞』一样，都属于清爽的粤菜系列！是京都中华料理的代表名店哦！
我可是这里的大粉丝哟！
吉田小姐首先点的是——
从来没有见过的细长春卷……
春花卷
735日元
好细长！
炸得恰到好处，吃起来很香脆！
内馅的竹笋也切得非常细！春卷的香味在嘴里慢慢延伸。
切成小小的一口，非常可爱。
切成细长状是有原因的
情景再现
常来这家店的艺伎小姐说：
这个春卷太大块了，有点儿不方便呢，麻烦能做得细一点吗？
所以就变成了现在这样啦！
真不愧是位于上七轩花街的中华料理店啊。
在吧台上方，整齐地排着一排写有艺伎名字的团扇。
上七軒
梅はろ
（梅春）
这些都是艺伎们送给顾客的礼物，可见她们真的是这里的老主顾！

这些可都是高级团扇啊！

凤凰蛋 682日元
（鸡肉炒鸡蛋）
看起来松松软软滑滑的鸡蛋！
哦！鸡蛋包着的是鸡肉！
哇，好柔软，入口即化！
很梦幻的口感！
鸡肉也很软
有洋葱和胡椒提味，很好吃！
喝完啤酒后，我们还点了中国的绍兴酒。
专门用来盛绍兴酒的酒壶！没有想象中浓烈。
塔牌
绍兴酒
一小壶
556日元
粗糖
吃中华料理还是要喝绍兴酒啊！
温热的绍兴酒太赞了！
配上粗糖后味道更温和了！
还要继续吃下去哦！下一道——
青椒牛肉丝
892日元
青椒、牛肉、竹笋、洋葱！色彩缤纷的卖相非常赏心悦目！

看起来就非常清爽！
牛肉的味道好香！
真好吃！
虽然是很简单的一道菜，但却是完全吃不腻的味道！
真的一点儿也不腻，虽然味道清爽，但是嚼久了，肉的鲜味就会慢慢扩散开来。
这时我点了白饭。
白饭（附泡菜）
157日元
哈呼
胖成怎样我都不介意了，反正在这里不吃白饭一定会后悔的！
呜——！
米饭好吃得完全停不下来，青椒吃起来好脆，太好吃了！
都想在这里打工了！
最后一道菜是吉田小姐力荐的『只有这里才能吃到的美味』糖醋肉。
啊？这就是糖醋肉?!里面只是猪肉和两块菠萝！太经典了！
这种颜色好漂亮！
糖醋肉
787日元
鲜嫩多汁！
！

越来越少的年轻人说京都方言了。

Chukanosakai
（中华料理）
这面很好吃！这是，哪家店买的啊？
哦！
弟
虽然刚才说是要买给你吃的，但可不可以分给我一点儿啊？
虽然买了“Chukanosakai”的凉面回家，但是却忘了买自己那份了，于是受不了诱惑的姐姐，死皮赖脸地央求着弟弟。弟弟说：“真是拿你没办法！”还是分给我吃了，真的很感谢弟弟！
给你。
好贴心的弟弟！

关于京都中华料理的种种

贴近京都人的饮食口味，
逐渐进化的京都中华料理的代表名店“凤飞”和“系仙”，
仿效注重高汤的日本料理创作出各种菜色，
有着百吃不厌的朴素美味。
不禁感叹师傅们认真的工作态度，
果真是名副其实的专业师傅做出的料理。
大量采用麻辣、劲辣的名店“骆驼”，其中首推麻婆豆腐，
以及天气越热就越爱吃的“Chukanosakai”中华料理的凉面，
都是在谈论京都中华料理时，必不可少的味道之一。
京都特有的中华料理，请务必体验一番！

吃饱饱推荐店面

凤飞
京都市北区紫野下鸟田町 37–1
电话：075–493–5025
营业时间：
12：00–13：30
17：00–20：00
周二、周三休息

Chukanosakai 御薗桥店
京都市北区大宫东总门口町 38–3
电话：075–492–4965
营业时间：11：00–23：00
周一休息（节假日除外）

四川料理 骆驼
京都市左京区北白川濑之内町 27–4
电话：075–781–0306
营业时间：
11：30–14：00
17：30–21：00
周一、每月第一个周二休息（节假日照常营业）

系仙
京都市上京区今出川路七本松往西走 真盛町 729–16
电话：075–463–8172
营业时间：17：00–20：30
周二休息

让人眼花缭乱的京都拉面

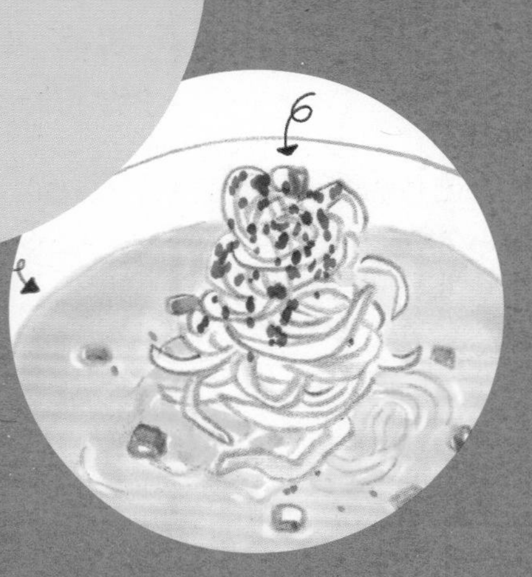

⑯极鸡（一乘寺）
⑰山崎面二郎（円町）
⑱门扇 木屋町店（四条木屋町）
⑲天下一品 总店（一乘寺）

『对啊！去京都吧！』这是一句著名的台词。
对啊，那就去京都吃拉面吧！
突然出现
也可以这样说吧。
GO
GO
GO
GO
*走
京都有一个被称作『一乘寺拉面街』的地方，这里有『天下一品』『横纲』等店，并且坐落着全国数一数二的拉面店的总店。
完完全全的拉面激战区！
那里的拉面店鳞次栉比！
在拉面的激战区，吉田小姐精选了以下四家拉面店！
这是我个人极力推荐的四家店哦！
极鸡 新式拉面。
山崎面二郎 讲究的面条和令人印象深刻的汤头。
门扇 鸡肉专家制作的清新系、适合最后享用的拉面。
天下一品 无人不晓的名店！一生一定要去一次！
哦哦！各种特色店家，好丰富！
最喜欢拉面啦！
好期待
好期待
马上前往第一家！
真的呢！真是每一家店都排着长队呢！
在这边这边！
第一家店是位于一乘寺拉面街上的店哦！
極鶏
GOKKEI
鶏だ
到啦！就是这里！我身边的拉面发烧友们，最近也在一直讨论这家店呢！
店名叫作『极鸡』，今天店门外没有排长队，我们真是太幸运啦！
在我们之前店里等候的客人有五位左右，我们一开始排队，店员就马上把菜单拿过来，直接帮我们点餐了！
请问要点什么呢？
我要超浓厚肉浊鸡白汤。
我要一份红汤拉面。
拉面都是均一价。

在排队期间听了吉田小姐的一番话就更期待这里的拉面了！
叫作『棣鄂』老字号拉面店的老板也说，这里除了面做得好，汤头也是一级棒！据说浓郁得好像奶油浓汤一样！
奶……奶油浓汤！
大概等了十分钟，我们坐到了吧台的位子。
(超浓厚肉浊鸡白汤拉面)让您久等了！
很快啊！
可能是因为提前点菜，拉面很快就上来了。
好浓郁！
没有使用鸡骨
只用大量鸡肉
超浓厚汤头！
汤面上放着七味粉、满满的白葱和青葱，叉烧在汤里若隐若现。
完全看不到面和碗底！这样的拉面还是第一次看到！
气势
650日元
超浓厚肉浊鸡白汤拉面
这个汤会起波浪呢！
好惊人
吉田小姐点的红汤拉面看起来也很特别！
很厉害吧！
上面全都是辣椒
650日元
一整片都是红红的！
小心翼翼地喝下第一口汤。
紧张紧张
心跳加速
紧张紧张
心跳加速
超浓厚！几乎像是奶油口味了！
味道完全不腻……
大吃一惊
完全带出了鸡肉的鲜味！

浓郁
呀，拉面完全吸收了汤汁，超浓郁的！
吸……
吸……吸……
怎么可能……
不可能！怎么会这么浓郁？面和汤是一口接一口的呢！
完全停不下来！
辣椒的辣味刚好被奶油般的汤头中和了！
又辣又好吃！
能够把汤头煮到这么浓郁又爽口，实在很了不起呢！
好想颁奖给店长哦……谢谢你，店长先生！
就像探索到了未知世界！
厚厚的咸笋片
刚看到满满一碗拉面的时候，觉得肯定喝不完汤……
相当满足
全部吃完
真的是每吃一口都让人感动万分的汤汁！
回去的路上，两个人都还沉浸在汤汁的余味中。
回到家后，我要告诉家里人。
那个汤究竟是怎样做出来的啊？
汤头真的做得很棒！
而且一点儿也不腻！
真是一碗能吃出骄傲感的拉面啊！

接下来前往的是吉田小姐介绍的另一间拉面店，是间『有简约味道的极品拉面店』。
这是我在京都最喜欢的拉面店，有空的话要一起去吗？
哦！我要去要去！
跳过去
在家里无所事事
我们要前往的是西之京円町。
门前悬挂着的大灯笼就是这家店『山崎面二郎』的标志。
营業中
店里只有吧台座位，店面虽小，却非常干净整洁，给人一种安心感。
整家店就以这三款面来决胜负，真帅！
蘸汁面
盐味拉面
拉面
烹饪工具等收拾得很干净。
两位店员麻利地工作着。
让你们久等了！
厨房干净得闪闪发光！
哇！
这里既有年轻男性客人，也有40岁的知性女性客人！
所有的面都是店里现场制作的，而且会使用不同种类的面哦！
怎么办？选盐味的？
全都不一样？真厉害！
我想品尝一下店家手工拉面的原味，所以点了蘸汁面！吉田小姐点了盐味拉面。
吉田小姐递给我筷子，
给你筷子
后来才发现原来那不是一次性筷子，感动之情油然而生。
我以为盒子里放着的是一次性筷子。
到处都非常干净！
快速
感觉很高级的筷子。
简单设计的灰色筷子袋。

这就是盐味拉面和蘸汁面。
热腾腾
非常推荐这里的溏心鸡蛋，一定要尝一尝哦！
鸡、海鲜做成的高汤，再加入酱油熬制而成。
有光泽的粗面条。
蘸汁面
750日元
满满的葱
用鸡和海鲜熬出来的高汤。
非常清澈
白葱丝、笋片、叉烧、青葱、柚子
追加叉烧
200日元
盐味拉面
750日元
追加溏心蛋
100日元
吸——
吃一大口！
啊——
天啊——
面非常弹牙！高汤的味道非常浓郁，附在面上真的超好吃！
水分饱满的粗面。
尝得出小麦的味道。
弹弹的
啊，柚子的香气扑鼻而来，真的好香！
盐味拉面的汤非常清澈，
清爽又温润的温和汤头，鸡、海鲜和盐分的搭配比例堪称完美！
色香味俱全

在吃蘸汁面吃到一半的时候，我尝试挤了点酸橘汁。
用力挤
哦！
味道一下子就清新起来了！
酸橘和汤的味道非常搭！
这个味道我个人超爱！
吃的过程中还能调一下味，尝到不同的味道，感觉很划算呢！
叉烧也很扎实。
叉烧看上去很简单，但完全不显油腻。
加了酸橘汁之后，觉得更加鲜甜。
入口即化的溏心蛋，真的是我的最爱！
每一样配料都精心制作，让人觉得很暖心。
追加了溏心鸡蛋真是太对了！
店家会在客人吃完的时候，送上把酱汁稀释了的汤。
请用！
放下
来了！
吃蘸汁面时有这样的服务真是贴心！
又能大喝特喝汤汁了！感觉像是被包围在海鲜的香味中了！
哇——我也要喝！
差点被我一口气喝完。
一出店门，就看到排着的长队，还真是吓一跳！
麦
听说有的要等30分钟以上。
我们不用排队就能吃到，真是太幸运了！
这里排长队已经是见怪不怪了。
非常明白他们即使需要排队也要吃上的心情。

第三家是某天和吉田小姐喝完酒之后去的。
要不再吃一家？
啊！对了！我推荐一家很适合作为结尾的拉面店哦！
这家店一直营业到第二天早上，所以即使是深夜也很热闹。
（招牌：鸡肉拉面门扇）
鶏がらーめん
门扇
我们前往位于小酒家林立的木屋町的『门扇』！
晚上十一点左右，很多女性上班族来到这里。女性客人也能无所顾忌地进店哦！
要点什么呢？
『门扇』原来是一家鸡肉料理的专门店哦！
啊！一定要点唐扬鸡！这个很推荐哦！
拉面就点迷你碗的分量可以了吧？
居然有迷你碗，太贴心了吧！
上桌！
伴随着香喷喷的热气，唐扬鸡上桌了。
让你们久等了！这是唐扬鸡！
600日元
一口下去
啊——
你怎么了？
好多汁
咬下去的瞬间，肉汁就迸发出来，忍不住叫出来了！感觉就像鸡肉的鲜味在嘴里爆发了一样！

鸡和蔬菜熬成的汤头。
两份都来了
肉饼拉面迷你碗 650日元
萝卜、胡萝卜、大白菜，蔬菜非常多！我可以理解为什么非常受女性客人的欢迎了。
鸡肉拉面迷你碗 650日元
热气十足
虽然是迷你碗，蔬菜却一点也不少！
面是细面，非常有嚼劲！
上桌！
这个是鸡肉的，叉烧哦！
啊！很少见选用鸡肉做叉烧的呢！
好柔软
一口吃下叉烧和面。
然后喝汤。
吸
好吃！
拉面的味道仿佛渗透了整个身体一般！
汤头非常浓郁，更加突出了鸡肉的味道！
鸡肉叉烧好软！
快看！肉饼也吸饱了汤汁，这个也一定很好吃！
再多都能一下子吃完！
整个身心似乎都被这一碗拉面融化了，这种感觉真棒！
而且即使是深夜吃，第二天的胃也不会不舒服。
没有比这更棒的了。
哈哈哈
营业至早上七点，和朋友喝完酒之后来吃一碗拉面真的太棒了！

截至 2013 年 11 月，在日本已经有了 231 家分店。

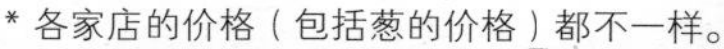
* 各家店的价格（包括葱的价格）都不一样。

让您久等了！
只隐约看得到一点点面。
中碗 680日元
浓稠而又清爽的路边摊风味！
中碗 680日元
这是中间浓度的多葱版！
葱花的量是普通的三倍！（而且是免费的）相对浓汤的颜色，中间浓度的稍淡。
说到天下一品，不得不提到的拉面！材料有笋片、叉烧、葱，非常简单。
啊——就是这个！
这个浓稠的汤头！香气又浓郁！
大口吸
好……好吃，感觉完全吸收到了鸡肉的精华，好厉害！
大蒜的味道也很不错。
W先生的天下一品介绍！
诚意推荐天下一品的浓汤外卖，拿来煮火锅也很不错哦！
TAKEOUT 拉面 680日元
我把它叫作『诱惑的火锅』！
诱惑的火锅！
在菜单上有注明外带费用。
一到冬天就经常吃这个。
我会往火锅里加入大量的白菜、鸡肉等各种材料。
好开心
沸腾
沸腾
最后再加入中华拉面就更棒了哦！
想到就好想吃啊！
刚感冒不久的时候，吃天下一品的拉面据说可以治愈哦！
对啊，很有营养呢！
真的吗？
店内有很多日本女艺人的海报！
啊！我懂！
好——差不多要放进去了。
打开
放在桌上的器皿

* 各家店的大蒜韭菜会有所不同。
这是什么啊？
啊，这是大蒜韭菜！稍微有点辣，加进去很好吃哦！
加一些试试！
我也加一点。
马上加了一点试试看。
天啊！超好吃！
大蒜和韭菜的味道太棒了！韭菜吃起来脆脆的！
无论是和浓汤一起吃还是单吃，都很好吃！
一吃就上瘾了。
完全停不下来，居然全吃完了。
虽然嘴边还有点麻麻的，但是浓汤配上大蒜韭菜真的太棒了，绝配！
全吃完了，明天蒜味会不会很重啊？
汤也全部喝完！
回去的时候，我觉得我整个人都成了大蒜韭菜的化身了。
再见！
今天辛苦了！
荞麦面、拉面、乌冬，天下一品，这算名言吗？
嘻嘻嘻
『天下一品』真是很棒的一家店！我终于了解为什么不仅在京都，在全日本都很受欢迎的理由了。
终于四家拉面店都介绍完了。
回到家，受到三只宝贝猫的热烈欢迎。
闻
闻
闻
拉面（特别是海鲜拉面系列）
从清淡拉面到浓汤拉面，再到蘸汁面，完全尝到了京都的特色拉面风味。

太幸运了！

本来以为每家店都要排队！
而且都已经提前做好心理准备了！
结果几乎每家店不用排队就能进去品尝，
我和吉田小姐都认为，
我们肯定是受到了“拉面之神”
的眷顾啊！

京都人都爱拉面

京都人喜欢吃清淡一点的？答案是否定的。
京都是以汤头浓到可以“立起筷子”而闻名的“天下一品”的发源地，
有着拉面店多到可以被称为“拉面街”的街道，
从这里就看出来，京都人对拉面尤为热爱。
本来京都的拉面主流是传统的豚骨酱油拉面，
而最近以“极鸡”和“门扇”为代表的鸡肉拉面也引起了人们的关注。
此外，致力于自家面研究的“山崎面二郎”的盐拉面也不容小觑！
魅力四射的新式拉面以及传统的好吃拉面，请大家一定都要吃吃看哦！

吃饱饱推荐店面

极鸡

京都市左京区一乘寺西闭川原町 29-7
电话：075-711-3133
营业时间：11：30-14：30、18：00-22：00（两个时间段的结束时间都是根据汤的售罄时间而定）
周一休息

山崎面二郎

京都市中京区西之京北円町 1-8
电话：075-463-1662
营业时间：
11：30-14：00
18：00-22：00
周一休息

门扇 木屋町店

京都市中京区西木屋町四条向上走 第二个路口向西走 四条 KG 大厦 1 楼
电话：075-255-7123
营业时间：19：00- 凌晨 7：00
全年无休

天下一品 总店

京都市左京区一乘寺筑田町 94
白川住宅 1 楼
电话：075-722-0955
营业时间：11：00- 凌晨 3：00
周四休息

紧紧抓住京都人的胃的灵魂美食

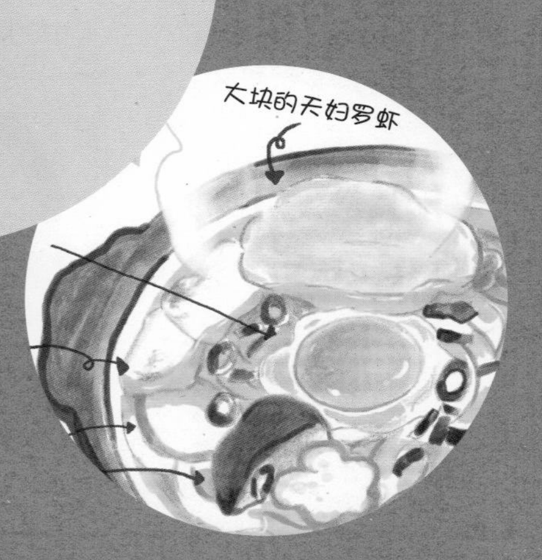

⑳ 富美家（堺町锦）

㉑ SIZUYA（至津屋）法国料理店（四条高仓）

㉒ 串八 四条乌丸店（四条乌丸）

重新装潢过的外观非常新颖。

我点了『富美家』火锅，吉田小姐点了咖喱乌冬。
采用独创的咖喱粉并加入煎过的日本和牛！
570日元
650日元
热腾腾
超大块的天妇罗炸虾
生鸡蛋还会晃动
两片稍稍烤焦的年糕
鱼糕
煮得很鲜甜，肉质很厚的香菇
花麸
『富美家』的火锅材料很丰富，所以是有吃的顺序的哦！不过也是因人而异啦。
哦，是这样的吗？
我的话呢，比较喜欢把鸡蛋藏在乌冬面下，等到鸡蛋半熟后再一起吃。
好好吃的样子，我也要试一下！
让蛋变得浓稠一点儿再吃。
寺井的顺序则是——
会把『富美家』独创的七味粉撒在火锅上。
撒上去
花椒味道很浓，很好吃哦！
把天妇罗虾的外衣剥下来，还可以当天妇罗面渣吃！
剥下来
剥下来
哦！
啊！我也要这样做！充分吸收汤汁后会更好吃吧？
我也喜欢这个！
现在就开始吃乌冬了，口感非常松软滑顺。
哈呼
哈呼
哈哈——
鲣鱼汤头的味道非常浓郁，汤汁也很美味，还有一点甜味，味道很赞！
还有这个香菇很厚，一咬下去，高汤马上就流出来了，我超喜欢的！
咖喱乌冬的汤头很甜，配上甜辣的汤汁真的是会让人上瘾的啊！

啊！这些乌冬的价格还不到七百日元，真是平民的价格啊！
享受……
因为在京都，一提到火锅乌冬，一般都会让人觉得会超过一千日元才对。
心满意足地吃完最后一口。
连汤也喝完了！
下面是抢答环节！
请问京都人最喜欢的面包店是哪一家？
快速按铃抢答！
SIZUYA
正确！
是的！灵魂美食的第二家就是京都的老字号面包店『SIZUYA』。
SIZUYA
在京都有二十一家分店哦！
这次要尝一尝法式美食。
全场一致同意选择这款面包（其实也只有我们两个人）。
SIZUYA的代表作！招牌德式火腿面包！
去骨火腿
160日元
生洋葱片
有涂黄油的柔软面包。
是非常简单的三明治，但这也是它最棒的地方，不知不觉就伸手拿了，是一种吃了不会觉得吃太饱的面包。
在店里吃的话还可以请店家帮忙加热，但我都是直接拿来吃！
直接吃！
我则是加热派！
京都站也有分店，于是坐新干线的丈夫也买了这种德式火腿面包在路上吃。
SIZUYA纪念
德式火腿面包啊，快帮我热一下嘛。
你自己热啦！
弟
堆得满满的
每逢周六早上，我们家的桌子上就会放着一堆德式火腿面包！

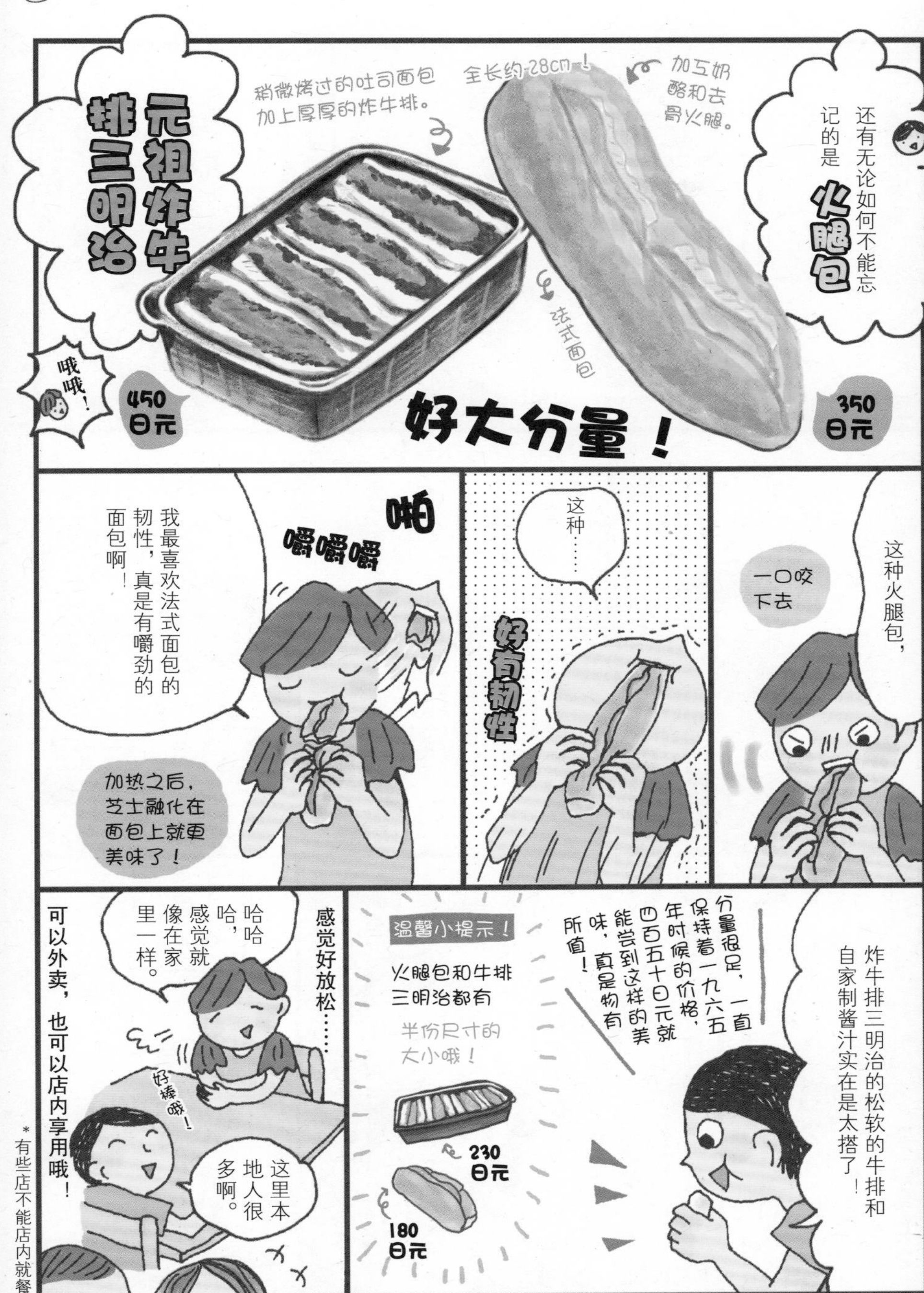
元祖炸牛排三明治
稍微烤过的吐司面包加上厚厚的炸牛排。
全长约28cm！
加互奶酪和去骨火腿。
还有无论如何不能忘记的是
火腿包
法式面包
哦哦！
450日元
好大分量！
350日元
这种火腿包，
一口咬下去
这种……
好有韧性
我最喜欢法式面包的韧性，真是有嚼劲的面包啊！
啪
嚼嚼嚼
加热之后，芝士融化在面包上就更美味了！
炸牛排三明治的松软的牛排和自家制酱汁实在是太搭了！
分量很足，一直保持着一九六五年时候的价格，四百五十日元就能尝到这样的美味，真是物有所值！
温馨小提示！
火腿包和牛排三明治都有
半份尺寸的大小哦！
230日元
180日元
感觉好放松……
哈哈哈，感觉就像在家里一样。
好棒哦！
这里本地人很多啊。
可以外卖，也可以店内享用哦！
*有些店不能店内就餐。

虽然决定得很突然！
在京都，有一家无论是朋友、恋人还是家人都能轻松就餐的居酒屋！
灵魂美食最后一家！
出发咯！
这家店的名字叫作『串八』，在京都有九家分店，滋贺有两家分店。
吉田小姐！
你好！
以炸猪排串、串烤鸡肉为主的人气日式居酒屋连锁店。
四条乌丸店
介绍一下，这是我的姐姐莉莎。
您好，承蒙您经常照顾我妹妹……
长得好像。
初次见面。
为什么这次姐姐也来了呢？因为以前我们姐妹都曾在『串八』兼职过呢！
而且两个人都是在四条乌丸店。
姐姐负责外场接待。
我负责烤串，当时18岁，是我第一次兼职。
让您久等了！
即使离开后，也一直对『串八』念念不忘。
因为是很有人气的店，我们足足等了半个小时！
*等待中
肚子好饿……
等会儿要吃什么好呢？
有很多带小孩一起来的客人。
坐进来马上点菜！
快速点菜！
三杯中杯生啤、生春卷、萨摩鸡红蛋玉子烧。
炸鸡块。
还有烤串。
因为经常来，所以菜一下子就点好了。
『串八』之所以深受京都民众的热爱，有四个原因：
①店员们都元气满满的！
让您久等了！

哇，已经上菜啦，好开心！
热腾腾
热腾腾
虾子
鹌鹑蛋
鸡肉
猪肉
③便宜！烤串一串50日元，烤鸡肉一串80日元。
不仅上菜快，而且物美价廉，这就是『串八』的用心。
塔塔酱
蟹钳 160日元
鲜奶油芦笋 一根 120日元 蘸塔塔酱吃！
②上菜速度快！
尤其炸猪排串特别快！
然后——
哈呼——哦哦！而且这种大口吃肉的感觉真好！
好烫！好烫！
啤酒也喝了不少！
而我最喜欢的就是，
来啦——
让你们久等了！
炸得非常酥脆，咬起来还会发出咔嗞咔嗞的声音呢！
④好吃！
就是这个！炸鸡块！
面衣炸得香香脆脆的，蘸辣白萝卜泥以及自家酿制的柑橘醋一起吃。
一口下去
呼
呼
超好吃的！
外皮香脆，里面松软多汁，而且和清新的柑橘醋味很搭！
当初我妹妹真纪就是吃到这个之后，才决定在『串八』兼职的哦！
真是意志坚定啊……

『串八』除了烤串之外，诸如炸鸡块之类的菜式也很不错，让人赞不绝口。
生春卷
400日元
包裹着整块的鲔鱼，吃下去感觉好幸福！
入口即化！
萨摩红蛋玉子烧 400日元
因为我们是三个人，店家还特意为我们切成了三份，真是好贴心的服务！
啊——
太好吃了！
呼——
真是好好吃！
好的，您请说。
请问要点什么呢？
最后还是点了很多道菜。
寺井姐妹的天妇罗冰淇淋黄豆粉黑蜜
甜甜温热的外皮和内里透心凉冰淇淋奏起一段和谐乐章！
380日元
寺井姐姐的艾草麻薯（两串）
鳕鱼内脏卷
380日元
可以看出各自喜好的菜色。
寺井姐妹的烤香蕉（四根）
一根50日元
入口即化！
艾草好香！里面是红豆馅。
一串90日元
吉田小姐最爱的一道菜！入口即化，下酒必备！
即使肚子吃得胀胀的。
想吃大芥菜和杂鱼的杂烩饭！
我想吃石锅拌饭。
石锅拌饭配的汤很好喝！
大家已经开始想着下次来要点些什么了，这就是名副其实的灵魂美食店家——『串八』！
画完本章之后，我才重新认识到，
能生在京都真的太幸运了！
真的！
这次的三家要一直吃到生命终结为止。

每年7月祇园祭的时候，
神轿就会经过店门前。
那时候，很多穿着浴衣的客人和花车的杂子（负责表演、舞蹈、歌唱的艺人）会来到“串八”。
想起那时的我则会带着面具兴奋地去店里兼职，
那时候的我真年轻啊！

吃过这些之后，你也成了地道的京都人？

京都人的灵魂美食，豆腐只是其中之一。
“富美家”火锅，总会吸引一群去大丸购物顺道而来的贵夫人们；
分店拓展到京都市内的平民面包店“SIZUYA”的德式火腿面包，
至今已经不记得吃了多少个了……
还有物美价廉的“串八”居酒屋，
从“没有钱”的学生时代开始就是它的忠实粉丝。
每当回想起当时的情景和那家店的料理味道……
啊！一想起来就会很想再去吃呢！

吃饱饱推荐店面

富美家

京都市中京区堺町大道锦小路往上走菊屋町 519
电话：075-222-0006
营业时间：11：00-16：30
周末、节假日 11：00-17：00
1 月 1 日 -1 月 3 日休息

SIZUYA（至津屋）法国料理店

京都市下京区四条大道高仓往西走 立壳西町 72
电话：075-221-3456
营业时间：7：00-22：00
喝茶 7：00-21：30（点餐时间截至 21：00）
1 月 1 日休息

串八 四条乌丸店

京都市下京区四条乌丸向西走 位于北侧的 KI 大厦地下一层
电话：075-212-3999
营业时间：17：00-23：30
周六 16：30-23：30
周日、节假日 16：30-23：00
全年无休

关西顶级甜点
难道不试试吗？

㉓ 前田咖啡 总店（乌丸蛸药师）

㉔ Kotarou（小太郎）京都店（仁王门新堺町）

㉕ 梅园 CAFE & GALLERY（新町蛸药师）

本次的主题是甜点
啊啊啊！
是甜点吧，吉田小姐！
出现！
狂—奔
冲啊——
虽然京都的和果子很有名，但是其实这里也有很多制作西式点心很讲究的甜点店哦！
你有在听我讲话吗？
我超喜欢甜点，引颈期盼这一天的到来，可是等了好几天了！
还有三天吗？
嘻嘻嘻
日历
第一家位于乌丸蛸药师
这里有我想推荐的，由咖啡厅制作的甜点哦！
吼吼吼！
跃跃欲试
就是这里！
啊！原来是前田啊！我很喜欢这里。
你也常吃这里的甜点吗？
还没有吃过！
我每次来都是吃午餐，还没有吃过这里的甜点。
我经常吃的午间套餐是这个！
特制热狗 680日元
松软多汁的热狗配上萨尔萨酱汁，真是让人欲罢不能啊！
寺井小姐！没有吃过这里美味的甜点实在是太可惜了！这里的甜点是用自家烘焙的咖啡做成的，所以制作出来的甜点的深度与众不同哦！
深度……
我和前田的甜点初次会面的日子终于到来了！

肉桂粉
卡布奇诺芭菲
840日元
咖啡布丁
350日元
接下来吉田小姐为我点了。
这个!
多到快要溢出来的卡布奇诺雪糕
酥脆的口感
专业甜点师傅亲自制作的杰作!这是外卖甜点，所以在菜单上并没有，但是点了的话也可以在店里吃。
戚风蛋糕
黑豆粉做的脆饼干!搭配奶油一起吃!
黑豆
焦糖浆
香草雪糕
美式脆饼干
鲜奶油
咖啡果冻
首先从布丁开始吃……
咖啡的香味马上扩散开来!
好甜!
有浓郁的奶油味呢!配上这里的冰咖啡一起享用就更棒了!
咚!
吸一口
味道好棒!
请大家一定要配冰咖啡一起吃哦!
接下来是前田的招牌圣代!
圣代好棒!好大一杯，真丰盛!
把咖啡运用得淋漓尽致!
每一样材料都很讲究，从而也感受到了店家的执着与用心。
一边大口吃着圣代，一边体会店家的用心……
啊……嗯……

整个人就像遨游在咖啡的世界里。
咖啡味好浓郁的冰淇淋，
就像在喝真正的咖啡一样。
全身被咖啡，
咖啡果冻也是绝配！
渗透了！
咖啡店做的圣代真的不容小觑啊！
这里的甜品不仅分量多，而且水准极高，难怪有这么多回头客呢！
好大的玻璃杯，好饱！
名副其实的京都人休闲好去处。
令人欢喜的重量。
店家出手很大方！
接下来的一家店竟然从早上六点就开始营业了！
早上六点？这也太厉害了！
京都人的早餐大多是在连锁便利店解决的，所以这家店真的很难得啊！
我们是早上十点去的。
早上六点起不了床的两个人！
前往位于仁王门路的『Kotarou』！是由果蔬店改装而成的。
这里是两家不同的店，总称新大门。
CHIE RIYA 亚洲式咖啡。
本次的目的地 Kotarou。
早上好！
和蔼可亲的老板精神饱满地迎接我们。

*一丁烧：制作鲷鱼烧的模具，一份鲷鱼烧需用一个一丁烧工具烧制。

等了十分钟，热腾腾的鲷鱼烧终于上来了！
香鱼烧三色馅
450日元
松松软软
周围的面皮都引得我口水直流！
鲷鱼烧
（小豆馅）
1个200日元
依次是
豌豆馅
白豆馅
红豆馅
店里面有和式座位，可以在店里就餐，真是太棒了！
OPEN
霓虹灯！
我们到里面吃吧？
冬天还有被炉！
这就是香鱼烧吗？简直和香鱼一模一样的形状啊！
两个人都是从“头”吃起。
咬一口
嗯——
真的是新鲜出炉，好烫啊！虽然皮有点薄，但是弹牙的口感却一点也不少啊！
哈呼
哈呼
外皮热腾腾的，好香啊！
一口接一口
吃得到完整的豆子，好甜哦！♡
因为馅料甜而不腻，入口即化，所以一下子就吃了三条。
早上的鲷鱼烧……
嘻嘻嘻
这个应该会流行起来吧……
早上到京都散步，建议就从这里开始如何？

最后一家是位于新町蛸药师的店家。
住宅区
咦？这里离我家好近……就在这附近吗？
到了哦！
这家店叫梅园『CAFE & GALLERY』。
在于清水和河原町都有分店的老字号『梅园』的姐妹店。
很可爱的氛围，是由街屋改装而成的咖啡店！
快点儿进去吧。
真是当局者迷啊！
是店内外都有客人在等候的人气餐厅！
庭院
二楼有画廊。
有情侣，也有女生的聚会。
我们点了吉田小姐的推荐甜品。
梅园限定 抹茶松饼套餐
1300日元
黑糖奶油，暖心的甜味。
香喷喷
香喷喷
上面有放红豆沙。
面皮用宇治抹茶做成的，非常漂亮的成色。
来啦！很多松饼的颜色都是没见过的！
甜味点心套餐
1050日元
每日更替套餐！（御手洗丸子是固定的！）
糖煮栗子
黑糖艾草蕨饼
抹茶饼干
抹茶麻薯
御手洗丸子
香蕉磅蛋糕
抹茶+40日元

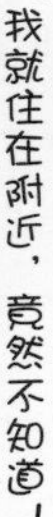
我就住在附近，竟然不知道！

在这里我要告诉大家一件惊人的事，
这里的松饼面皮非常松软，用刀叉吃的话可能一下子就把蛋糕弄碎了，所以这里建议使用筷子吃哦！
啊！筷子！
真新奇！
哦！
好松软啊！
真的好软啊，筷子像是被吸进去了一样。
抹茶好香啊！单单是闻着香味就让人觉得很好吃了！
吃一口
！
心声
非常湿润松软，这种口感还是第一次尝到啊！抹茶的味道很浓。
边吃
好吃！
边说
好棒！
而且店家是在下单后，才开始从搅拌蛋白做松饼的哦！
吃下去的瞬间就会发现这个蛋糕真的不简单，是费了很多功夫才做成的哦！
还有！请一定要品尝招牌御手洗丸子！
伸手向前
锵！
是，好的！
一团一团的
口感很扎实，非常弹牙的麻薯。
好有弹性
酱汁不会太甜，真是太妙了！
和抹茶的味道也很搭！
麻薯带着淡淡的香气，
很好吃！
没介绍错吧！
据说是用当天制作的材料做成的麻薯！难怪这么好吃！
回家后也一直沉浸在甜点的余韵中。
连做梦都在回味
打呼噜……
这天我真切地感受到了京都的甜点不只是日式甜点，新式的点心也日新月异地变化着！

Kotarou
请务必和鲷鱼烧
一起品尝
每一杯都是亲手冲泡出来的。
咕咕
像这样慢慢地施加压力煮咖啡，用虹吸的方式冲泡，个人觉得跟煮沸器做出来的咖啡的味道非常接近。
咖啡粉
咖啡
我品尝到了用手压针筒式咖啡壶冲泡的经典咖啡了。
1杯300日元
手压针筒式咖啡壶是最近在咖啡界引起热议的一种咖啡制作方法，
顾名思义，是利用空气的压力将咖啡抽取出来的哦！
舒畅香醇的口味，太好喝了！一大早就能享受到！
清晨，配上一杯咖啡，一份鲷鱼烧，真是顶级享受！

眼花缭乱的京都甜点世界

京都的甜点，并非只有和式点心。
在京都，还可以领略到从奈良引进的鲷鱼烧，
老字号所制作的新式甜品、咖啡圣代等一系列美味，
是早已超出和式点心范围的甜点。
在这里，即使是男性客人也能轻松享受点心，
男女老少在用他们的“第二个胃”尽情地遨游在这甜甜的世界。
这其中有像梅园这样的超人气店，这时候就应该趁刚开门的时候进店，
不然可就要排队等候了。

吃饱饱推荐店面

前田咖啡 总店

京都市中京区蛸药师大道乌丸往西走 桥弁庆町 236
电话：075-255-2588
营业时间：07：00-20：00
全年无休

Kotarou（小太郎）京都店

京都市左京区仁王门大道新堺町往东走 和国町 370
电话：090-3238-0297
营业时间：6：00-21：00
不定时休息

梅园 CAFE & GALLERY

京都市中京区不动町 180
电话：075-241-0577
营业时间：11：30-19：00
全年无休

有着知性老板娘和醉人日本酒的酒吧

㉖ Tasuku（四条富小路）

㉗ SAKE Café（四条木屋町）

没有招牌，进入会馆后在右手边！

今天气温37度

先来一杯吧！

今天很热吧？来一杯发泡葡萄酒如何？

第一杯选择了发泡葡萄酒。

Lumiere Detillant 2011

甲州产葡萄制成的辣口发泡葡萄酒

1杯900日元

哇呜！

啊——！沁人心脾！

吉田小姐看起来好开心！

好酷啊——

非常爽口清新的辣味！这就是我一直以来追求的味道！正是我现在需要的口感！

那就太好了！

*含服务费（日本酒吧会根据时间收取服务费）。

然后就是每日更新的冷盘！

自家制的面包也是每天更新的哦！

品质很优哦！

肉桂红茶面包

软乎乎！

冬瓜汤的味道很温和

洋葱金枪鱼炸排

感觉超值

木勺子

300日元

酥酥脆脆

酥酥脆脆

配红酒简直一流！

洋葱甜甜的！

金枪鱼很松软。

我们喝酒的时候，其他客人也陆续进来了。

请问有营业吗？

开门

看着客人自在熟悉地和老板交谈，真羡慕。

对啊，今天刚下班就过来了。

终于下班了吗？

今天我要白葡萄酒，有什么推荐吗？

还有芝士。

好好哦，这样的熟客。我有一天也可以像他们一样吗？

跟我在开头写的一样，我对酒一点也不了解，点酒的事都全盘交给池西小姐啦。

她会非常耐心地询问我的口味。

嗯……你推荐什么呢？

嗯，我想喝白葡萄酒！

连自己喜欢什么口味的酒都不知道。

接下来要点什么？甜口的还是辣口的？

* 红酒是每天更换的。
* 菜品也是每天更换的。
单单听池西小姐的介绍，都会觉得很开心！
以前日本的红酒都被人说太甜了！不过最近品质提升，辣口的红酒也在逐渐增加，水准也提高了不少哦！
这样啊……
好了！就这两个如何？
这是池西小姐为我们选的！
我是这一款。
标签真可爱！
熊本县出产的玫瑰红酒，颜色是非常漂亮的浅橘色。
Rose
750日元
吉田小姐的。
神户红酒
hanayui
850日元
白
有些微辣
呀！
好顺口，说不定我会很喜欢红酒呢！
这个充满着水果的香气！
还点了下酒菜
店里没有具体的菜单，周围的客人都是说『来点儿下酒菜』或者『来点芝士』之类的话来点餐的。
肚子饿的话点这个就对了！面包外层松脆，内层松软湿润！
烤牛肉和卡门贝尔芝士汉堡 550日元
卡门佩尔干酪牛排汉堡
诱人的香气，让人食欲大增！
看到其他的客人点了这个！
柠檬盐烤鸡翅
500日元
柠檬味很重的鸡肉！
以前没去过酒吧，也从来没有跟其他客人聊过天……
……
害羞的人
当我回过神来的时候，已经在和坐在旁边的上班族自然地聊起天来了！
你在写什么呢？
我把我喜欢的红酒的名字记下来。
真的会让人很想记住呢！
那我先走了！
谢谢您的光临！
嘻！
我还是第一次在酒吧跟人道别呢！第一次见面的人，我竟然跟他说再见！
我是第一次来酒吧，也是第一次在酒吧跟其他人聊天，真是非常棒的一次体验，好精彩的夜晚！

后来跟妈妈说起占卜的事，妈妈也去占了一下。

有食用酸浆这种东西啊……
一口吃下整个
哦！很清香，又酸又甜。
一咬下去全是果汁！
苦苦的皮倒是『大人』的味道。
咬一咬
突然往旁边看……
?!
闪闪发光！
很漂亮的橘色
那那那……那个，吉田小姐，这是什么？
酸浆果啊，把皮剥开，只能吃里面的果肉哦！
啊……好吃——
嗯……
啊？！只有里面能吃……
我竟然不知道！
那个……你是不是直接吃掉了?!
啊哈哈哈哈
好丢脸的一次经验。
呜——
好惨
重新振作——上日本酒！
寺井小姐点的酒
我5年前曾在白川乡喝过，于是我告诉老板我可能喜欢浊米酒。
纯米浊酒，秋田的酒 550日元
那或许浊米酒比较适合你哦！
于是就为我拿了浊米酒。
吉田小姐点的酒
请先给我这一瓶。
快速决定好帅气！
雄町的纯米精酿 650日元
杯子也很有讲究。
倒进去
都是手工特别订做的！
每一个杯子的花纹都不一样，好漂亮！
陶器
喜欢猫的人。
因为觉得一合（180ml）的量有点多，所以按照130ml的量做了这些杯子。
心跳加速
抿一口
哦
哦
哦?!
啊啊啊——
真好喝啊！
很温润顺口啊！真好喝……
日本酒！

一直以为自己不喜欢日本酒。
我对日本酒抱持的印象就是『总之种类繁多，味道难以想象』。
因为不知道喝哪种日本酒比较好，所以就转向了鸡尾酒……
精酿？大精酿？什么意思？
这是日本酒 Bar
可以告诉老板自己喜欢的口味，请老板帮忙选酒。
我喜欢这个！
但是现在我已经摆脱了一直以来觉得自己不喜欢日本酒的感觉了！
『风之森林』有一种很清新的香味！
最近这款酒很受欢迎呢。
接下来请店家端出下酒菜吧！
小菜最搭日本酒了，我以前真是迟钝啊！
非常期待！
哇！上来啦，看起来真好吃！
香茅蒸鲑鱼 800日元
烤油豆腐 450 日元
鲑鱼的鲜甜和香茅的清香完美搭配！
让人抵挡不住的美味！
淋上去
给鲣鱼块浇点酱油，虽然简单，但很好吃！
信乐烧的圆酱油瓶。
这里的碟子也非常精致，看得我也想带一个回家啊……
我在上一家也有想到，原来酒吧是这样辽阔的美食世界，莫名的感动油然而生。
每晚喝着如此好喝的酒，过着愉快生活的人竟然这么多！
还有什么推荐吗？
真的很棒
高知县出产的“文佳人”如何？我还专门去了高知呢！
两位 40 多岁的女性
一个人安静地喝酒的男人！
我最喜欢的是开胃菜土豆沙拉！
又点了一盘！
完全停不下筷子！
600日元
放了芝士和甜椒、辣椒的绝妙沙拉！这是我吃过最好吃的沙拉！太喜欢了！

老板为我们选的酒，每一瓶都很好喝，完全停不下来……
我推荐这个！
550日元
650日元
高知产
水果味很浓郁，令人喜爱的清新味道。
好喝——
蒸米酒母四段酿酒法
滋贺产
让喉咙感受到辣度的冲击！
650日元
嘻嘻嘻好喝！
哈——
呼！
650日元
这是橘子味道的甜露酒，还加了蜂蜜。
有橘子的味道，浓缩在里面！
文佳人
文佳人
神奈川县—Natsuyago
外包装非常可爱！
纯米原酒清爽的口味。
回过神来已经有点醉了。
寺井小姐，喝日本酒的时候，也要喝同样分量的水比较好哦！
嘿嘿嘿
呼呼呼
快喝
我把吉田小姐比作猫的话，可以吗？
完全听不进吉田小姐的忠告。
寺井小姐！
醉醺醺
醉醺醺
墙壁
咚
从没有喝醉过的我，高估自己的酒量了……
我买了水啦！快喝！
快喝点水！
这是我人生第一次喝醉！
母
她好像把日本酒当果汁喝了……
父
傻瓜吗？喂！
你还好吗？
实在是太好喝了……
呜呜……
虽然这次的酒吧经历不怎么美好，但是不后悔！
以前我觉得京都的酒吧门槛很高。
很轻松就进店了，真是太棒了！
其实门槛并不高，不仅菜肴美味，老板也很和蔼可亲，亲切待人，让我爱上这些名店了！

SAKE Café
杯子系列
每一次点酒都是
不同的杯子，
每个杯子的花纹
都不一样，
真是太漂亮了！

在日式酒吧相会吧

难得来到京都，不妨感受一下日本酒吧的和式风情。
红酒的话，有国产红酒专门店的先锋“Tasuku”，
以及日本酒吧“Hanna”，让年轻女性也能轻松进店便是它最大的魅力。
两家店都有着非常多常客，刚开始可能会很紧张，
但是一旦放轻松投入它的怀抱中，就会觉得那是自己的地方了。
老板娘对待第一次来的客人非常友好热情，陌生的客人也会觉得宾至如归。
一个人来也完全没问题哦!

吃饱饱推荐店面

Tasuku
京都市中京区富小路大道四条往上走 西大文字町615 四富会馆1楼
电话：080-1500-8159
营业时间：19：00- 凌晨0：30
周日休息

SAKE Café
京都市下京区船头町203
电话：075-351-0705
营业时间：18：00-24：00
不定时休息

炸海鳗、鲜面筋、鲭鱼寿司

——京都酒馆独有的微妙味道

㉘ 京极 Stando（新京极）

㉙ Tatsumi（里寺）

㉚ 神马（西阵）

事情的起因是和吉田小姐的一次无意中的谈话……
现在距离下一个行程还有一点时间，我们要去哪里打发一下吗？
某处的咖啡厅
一起去喝一杯吧！
这个回答真是让我吓了一跳！
不是咖啡店或者书店吗？
根据传闻指出，
京都有好几家酒馆，从中午就可以开始喝酒，而且气氛很不错哦！
有这样的事。
经过了上次的酒吧之旅后，我对酒的兴趣呈爆发式上涨，于是就让吉田小姐带我去了！
就是这里！
第一家是位于京都繁华地带四条河原町的新京极。
叫『京极 Stando』。
*意为“stand”，有站着进食的意思。
*スタンド
スタンド
下午一点突击，出发去酒吧！
这是从一九二四年开始一直营业至今的老字号。
我们进去吧！

* 生啤套餐、中杯啤酒套餐、烤火腿、炸烧卖。

* 听说菜色每天更换。

这些只要一千日元。

凉拌豆腐，上面放着柴鱼片、姜和葱。

烤火腿

毛豆

炸烧卖

意大利面沙拉，有加蛋黄酱，还有炸过的芦笋。

我们点了中杯啤酒套餐。

接下来，大家干杯！

中杯啤酒也非常大杯，一下子就活跃了气氛！

かしわ揚もの 600

炸鸡块600日元

牛ステーキ 620

牛排620日元

「なりキュウラリ 500

海鳗腌小黄瓜500日元

不断追加！

好了，我们再来点儿小菜吧！

哦——

黄色字体的菜是一直传承下来的菜式。

烧卖炸过之后，外皮松脆且香。

我很喜欢这个味道啊！

里面满满的肉汁，很下酒呢！

一口 接一口

真是分量十足，单单这一点就非常令人满足了！

自己制可乐饼

600日元

热腾腾

凉拌冷面

咚！

海鳗天妇罗

（季节限定品）

650日元

京都特产海鳗！

海鳗把整个京都风情都带出来了！
是啊！
海鳗肉质扎实，面衣松软，好吃！
好松软！
哇呜！
松软热乎的可乐饼！
里面有满满的土豆和肉糜！
观察周围的客人，有的是特地来吃午餐的。
非常有个性的时髦叔叔。
从以前就有的拉面。
蛋包饭！看起来真好吃……
有的也像我们一样来聚餐，在店里享受着自己的愉快时光！
被『Stando』这样独特的氛围包围着，大家也开心了起来！
从中午就开始喝酒，
还真是开心……
我就说嘛！
下酒菜继续追加！
这里也有意大利面沙拉。
非常厚的切片。
酱油
熏制鸭肉片 550日元
哦哦，好多汁！
麻烦给我来一杯米酒苏打。
日本酒兑苏打
470日元
跟酒非常搭！
和柠檬的清新香气也很配呢！
这里的下酒菜非常多，也是这家店的一大亮点呢！

放下
失礼了！
看到突然而至的菜单，我吓了一跳！从来没有见过这种类型的菜单！
两张点菜单用牙签穿过去固定起来！
我想要！
能不能当是手账买下来！
这种设计也是创业时一直沿用下来的，采用的是加法计算，但其实我完全看不懂！
话题一直围绕着酒来讨论！
日本酒祭很不错啊！
前几天去了广岛的日本酒祭。
米酒苏打很好喝，而且很容易入口。
下次我也要点这个。
你们喜欢什么下酒菜啊？
我喜欢鲸鱼的培根！很独特的味道，让人欲罢不能啊！
啊！对了，这附近还有一家很不错的店，我们一起去吧！
吉田小姐说道：
我想去！
吉田小姐带我们去的地方是——
每次在『Stando』喝完酒就会想来这里哦！
从『Stando』出发，步行不到5分钟就到了，这就是『Tatsumi』。
非常沉稳的外观呢！
啊……看到这家店，大概你会想『这是什么店啊』吧……
たつみ
つみ

『Tatsumi』是拥有四十多年历史的酒馆。
是倒u字形的吧台。
在吧台站着喝。
椅子座位。
往里面走有一般座位和和式座位。
形式非常多样化，中午开始就可以开喝了！
而且菜品种类真的非常多！
叉烧 500日元
培根 950日元
芋棒 480日元
烤牛筋 480日元
季节菜式海鳗天妇罗 500日元
银杏小炒 380日元
芋头包子 380日元
香住直运糠渍鲭鱼 350日元
茶碗蒸 380日元
鳕鱼鱼白 850日元
盐烤大翅鲪 650日元
炖金枪鱼块 450日元
松茸茶壶蒸 380日元
酒蒸花蛤 380日元
牡蛎杂煮 780日元
铁板牛肉 550日元
炸鸡块 380日元
佃煮香鱼 450日元
牡蛎天妇罗 650日元
无花果天妇罗 380日元
番茄天妇罗 380日元
山药天妇罗 380日元
酒渍荧乌贼 400日元
三角饭团 350日元
店里好多地方都贴着满满的菜色，光是看着这些菜色，估计就能让吃货忍不住开心了吧！
整面墙贴得满满的
所有下酒菜几乎都有。
这时候，加藤小姐提议说：
好吧，那我们每个人点一样自己最喜欢的下酒菜吧！
大家决定好了吗？
让我想！想！
东张西望
东张西望
真的非常开心！

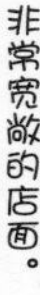
非常宽敞的店面。

一整排！
我点了——
炖金枪鱼块
450日元
非常入味，非常好吃！
吉田小姐点了——
烤牛筋
480日元
入口即化的牛筋让人完全没有抵抗力，非常适合下酒！
梅垣先生点了——
山药天妇罗
380日元
香香脆脆稍稍有粘性的口感。
胡椒味很浓！
鹤岗小姐点了——
酒蒸花蛤
380日元
花蛤的汤汁实在是太清爽鲜美了，感觉很养生！
周围飘着酒的淡淡香气。
这时候是十月底。
加藤小姐点了——
松茸茶壶蒸
850日元
选择当季的美食是最好不过的了！
松茸！好香啊！
我喜欢茶壶上的花纹。
白川小姐选了——
鳕鱼白（生）
720日元
软软的粘稠感！
真好吃！
可以看出每个人的喜好，很有趣呢！

第二杯是温的日本酒。
一杯180ml
340日元
黄樱是京都本地产的酒！
“倏”的一下就滑过喉咙的感觉！
Kizakura
黄樱
暖暖的……
各自点的菜，大家你一口我一口很快就都吃完了。
好的！
不好意思，我要点菜！
又陆续追加！
因为这里菜的种类非常多，每次追加时，
番茄天妇罗和无花果天妇罗。
啊！还有这样的菜?!
每次听到的时候都会吓一跳。
番茄天妇罗
380日元
无花果天妇罗
380日元
淡淡的甜甜香气！
番茄天妇罗，一咬下去，番茄的汁就流出来了！
哈呼
无花果吃起来也甜甜软软的。
好甜啊！
好烫！
哈呼
我是那种看到菜单上有『三角饭团』就会难以抗拒的人。
看到菜单的那一瞬间就决定下单了！这就是三角饭团惊人的魔力啊……
饭团(两个)
350日元
梅子
海带
鲑鱼
柴鱼片
四个人用猜拳的方式决定谁吃哪一个。
剪刀石头布！

右手拿着松软热乎的三角饭团……
好幸福啊！
哈哈哈
大口咬
我猜拳赢了，拿到了鲑鱼口味。
然后左手拿着日本酒，人生一大幸福！
哇！外面天色还很光亮呢。
对啊，其实现在才下午三点。
哇，好早哦！
总感觉中午喝酒是很奢侈的一件事啊……
白天喝酒会变得完全没有时间概念呢！
店员能完全记住我们点的东西，真厉害……
一直喝酒，
麻烦再来一杯！
来同样的酒对吗？
威士忌 30ml 220日元
继续热聊着刚刚酒的话题。
你们平时怎么护肝的啊？
热烈！
嗯
弄一个肝脏休息日算吗？
那不会很难吗？
讨论
爱酒三人组
不知道什么时候点了一大碗白饭的加藤小姐。
护肝的话题……
一群人聊天、吃东西都停不下来。
叉烧 500日元
咚！
蘸酱油吃
啊……看起来松松软软的……
鲜面筋拼盘 520日元

叉烧完全入味了♥
我还是第一次看到鲜面筋！
很有嚼劲，有着甜甜的味道！
嚼起来很弹牙
店里既有大叔也有活泼的女生，还有衣着稍微有点另类的客人。
大家都安安静静地喝酒用餐。
我心想……店里的客人们都好守规矩啊……
*右
お客様にお願い
当店では
アルコール類は
3本迄又、
泥酔の方は
致します。
咚！
お客様各位
飲酒時間
三時間まで
よろしくお願い致します
たつみ
嗯嗯
这就是『Tatsumi』受当地人欢迎的最好证明吧！
*左
规矩定得很好呢！
因为喝得太爽了，所以当我们察觉到时间时，几个小时已经过去了，于是当天我们直接解散！
大家辛苦了！
下次来要尝遍所有菜色哦！
优惠券！
たつみ
サービス券
たつみ
たつみ
没有使用期限
*（左）敬告客人，饮酒时间限制在三小时之内，仅此通知。
*（右）敬告客人，本店酒精类饮料最多提供三瓶，请节制饮酒，请勿喝醉。
之后的某天晚上，我和吉田小姐一起来到了《美食吃饱饱京都》的最后一家店！
坐市内巴士
坐公交在千本中立壳站下来就到了，就在旁边的『神马』是这次采访的第三家店哦！
咚！
神馬
啊啊！外观好酷啊！
北野天满宫
就在这附近
御所
二条城

U字型的吧台
店里洋溢着与世隔绝的气氛……
我喜欢这种高雅的店！
就像搭时光机回到昭和年代一样！
和吉田小姐会合。
寺井小姐，我在这里。
是不是感觉时间都像静止了一样？
先干一杯啤酒吧？
我好喜欢这里！
点头如捣蒜
这里的菜品都非常出色哦！
首先来一份天妇罗吧！
第二代老板的儿子（第三代）曾经在祇园做过学徒，所以现在是父子俩在经营这家店哦！
炖甲鱼火锅（小）1400日元
牛尾味噌汤 1000日元
沙梭鱼天妇罗配蔬菜 1000日元
鲭鱼寿司 1050日元
哇哇！很期待呢！
还是第一次点沙梭鱼天妇罗。
热腾腾
上菜了！
沙梭鱼天妇罗配蔬菜 1000日元
香菇
番薯
绿紫苏
清脆

外皮轻薄且松脆，沙梭鱼很有水分又松软。
真的是很高雅的味道啊……
嗯嗯！
是京都传统料理的味道！果然名不虚传！
啊！这里还有炖甲鱼火锅，我们也来一份吧！
不好意思我要点餐！
惊
这是我第一次吃炖甲鱼火锅。
热腾腾
热腾腾
耶！
炖甲鱼火锅（小）1400日元
为了让我的皮肤变更好，我不得不吃了！
里面都是满满的胶原蛋白啊！
嗯……
好弹！
像果冻一样滑滑的口感……
很有嚼劲，我第一次吃到这种口感！没有什么腥味，甲鱼的鲜味和姜汤都很鲜浓美味。
吉田小姐说，在这里吃甲鱼火锅还要配热的日本酒。于是我马上点了酒……
从酒缸里用长柄勺将酒舀到小酒壶里。

从来没有见过这样的容器！竟然放进去了！
这是热酒器，用加热水的方式来将酒温热，这在古时候是很常见的东西！
铜制的
印有『神马』二字的小酒壶实在是太酷了！
1合（180ml）
500日元
神馬
杯子也有字样！
神馬
和炖甲鱼火锅的高汤的味道真是绝配啊！
先尝一尝汤，
喝……
然后喝热酒。
咕嘟
啊——真是太太太太太搭了！
不可思议的合拍！
感觉身体从里面一直暖起来，这种搭配实在是太赞了！
这里的日本酒是为了配合菜品的味道，将几种独创的酒混合调制而成的，这样可以跟菜肴的味道更加搭配哦！
高汤→热酒→高汤→热酒……如此循环往复，真的完全停不下来。就在我沉醉其中不能自拔的时候，吉田小姐又开始追加菜品了。
不好意思我要点菜！
汤和热酒配合得如此天衣无缝！
喝
喝
生鱼片拼盘 2000日元的分量
根据价格的不同，量也会有所不一。
首先吃点儿生鱼片！
金枪鱼腩
墨鱼
鲷鱼
这里的鱼非常好吃哦，都是非养殖的！

还从来没有见过这么肥美的金枪鱼腩！
第一次吃！
我终于有机会吃了！
一口下去。
咕咕呼呼
好吃到……
不管什么时候吃，都很新鲜啊！
发抖了！
入口即化！真的是很鲜美的鱼腩！
这种生鱼片吃了会让人忍不住笑出来，此味只应天上有啊！
接下来是牛肉——
牛尾味噌汤
1000日元
沸腾
真的是新鲜热乎啊！
肉炖得软软滑滑嫩嫩的。
后味辣辣的，感觉也很不错啊！
味噌汤里充满牛的鲜味，还有味噌的味道非常浓郁！
热腾腾
喝光
连汤都喝得精光！
这时候，吉田小姐力荐的，据她说是京都第一的鲭鱼寿司上来了！
鲭鱼寿司
1050日元
就连外行人也看得出是完美无瑕闪闪发光的鲭鱼！

*菜品内容是每天更换的。

超好吃！
嗯……赞！
大口吃
一口吃进去！
哇哦！
肉质很厚实！
哇，真想赶快吃掉！
要放上姜一起吃哦！
刚开始的时候
寺井小姐，你真的变成熟了呢……
日本酒？都说了我真的不行啦！
啊，好幸福！
真是绝配！
感觉这个也可以配日本酒呢……
这个鲭鱼的鱼腩弹弹滑滑的！实在是太美味了！
这里的生鲭鱼鱼片都是在店里处理的，从切鱼的方法到鲜度的保持，都是非常出类拔萃的！
和老板在聊天的一对夫妇。
这家店将与客人之间的距离感把握得恰到好处。
虽然这里很多都是上了年纪的客人，但偶尔也有年轻的情侣。
在这种地方约会，一下子就坠入情网了吧！
在千本中立壳竟然还有这样的地方啊……
呼……
一直没有发现真是亏大了！
即使要专程坐巴士来吃，也很值得哦！

是老板给我们结账的，收银台也非常复古。
一直工作至今的木制收银台！因为是以前传下来的，没有“万”这个单位，计算要用到算盘。
您这边的鱼真的非常新鲜美味！
谢谢，一直以来我都是每天早上到市场进货的！都请鱼店把新鲜的给我留着呢。
原来美味的背后还隐藏着这样的秘密……
听闻还有人专门从东京来这里一尝美味哦！
真的是太感谢你们了啊！
那时我不得不感叹真的是太厉害了！
嗯嗯
几天后我仍然深陷鲭鱼寿司和店里的氛围里无法自拔……
鲭鱼寿司
甲鱼火锅
嗒嗒
还想喝
还想吃
嗒嗒
这时才真正地了解到专门从东京来到这里吃的人的心情。
京都的酒馆如何啊？
…
从神马回来的路上
以前我无法想象自己从白天开始喝酒，也从来没有和这样的酒馆打过交道。
但是，我现在改变想法了！我要全力支持！
每一家的气氛都很棒，我都要试一试，
真的非常喜欢啊！
这些古老的酒馆，是城市里名副其实的文化遗产啊！
坚定的眼神

到魅力无穷的老字号酒馆喝一杯吧

“午间酒会的圣地”，多么吸引人的一句话啊，
相邻的“京极 Stando”和“Tatsumi”，
每到中午都会坐满来自各行各业的客人，非常热闹。
这些大众酒馆和普通餐馆一样，推出了各式各样的季节菜品，
能让人感觉到不同季节的氛围，不愧为京都特有的风格。
而最后的“神马”，是被京都人视为接待远方客人的不二之地，
这家备受大家珍藏的酒馆非常受欢迎，
来之前不要忘了预约哦！

吃饱饱推荐店面

京极 Stando
京都市中京区新京极大道四条往上走 中之町 546
电话：075-221-4156
营业时间：12：00-21：00
周二休息

Tatsumi
京都市中京区里寺町大道四条往上走 中之町 572
电话：075-256-4821
营业时间：12：00-22：00
周四休息

神马
京都市上京区千本大道中立壳往上走 西侧玉屋町 38
电话：075-461-3635
营业时间：17：00-22：00
周日休息

啊——
真是太好吃了！

后记

首先非常感谢大家对本书的厚爱，感谢您购买本书。
这还是我第一次画漫画书，是抱着紧张的心情完成的。
您觉得如何呢？
第一本书就能画关于我的家乡京都本地的事情，
我实在是太高兴了，好几次在家都高兴得手舞足蹈！

这次和作家吉田小姐一起吃吃喝喝，
也渐渐地喜欢上了原本不能吃的，或者不怎么吃的东西，
对于这样的自己，我更多的是惊喜。
与采访初期的自己比较，我已成长了不少，连自己都很难相
信采访初期的『我』和采访末期的『我』是同一个人，
喜欢的东西越来越多了，总算是有所收获！
不得不说，我非常感谢吉田小姐！
我自己本来就很喜欢吃吃喝喝，像这样被引领着走进京都美
食的世界，去发现自己以前不曾发现的美味与深奥之处，
也是一种乐趣与享受，
现在回想起来，都不禁口水直流呢！
这次不仅尝到了老字号怀旧且精致的美味，也尝到了京都潮
流前线的美食！

从各个角度品味到京都各式美食的过程，真的是一种享受

虽然京都的『和』味很浓，但却不只有和式美食，希望通过这本书，能让大家了解到京都更多不同的美食。

无论是京都本地人，

还是外地来观光的游客，

希望大家都能尝到真正的京都美食。

相信也能借此感受到京都才有的独特风情。

这次体验让我获益良多，

在这里，

我想感谢作家吉田小姐、编辑白川先生，

是你们让我有如此美好的经验。

还有各位店家以及一同去采访的各位，给予我帮助的所有人，

真的非常感谢！

阅读这本书的各位读者，

由衷地感谢您的支持！

二零一四年一月十日　寺井真纪

日食记团队出品

收录48道俘获人心的菜肴

今天吃什么

一周不重样的暖心轻料理

这是每一天不重样的暖心料理，这是44道有故事的独家美味，风靡网络的美食摄影原作者——**慧慧**首部料理食谱。

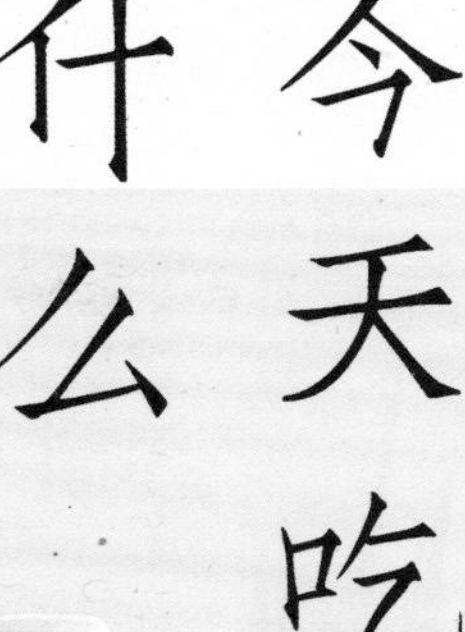

微信公众号**『改变自己』**、**『灼见』**创始人倾情作序，**私房菜达人**，**网易乐乎**，**堆糖网**联袂推荐！

翻开这一册，用初心写下厨房与爱的美食情书。

版权合同登记号　图字：19-2016-168 号

图书在版编目（CIP）数据

美食吃饱饱．京都 / （日）吉田志帆著 ；（日）寺井真纪绘 ；梁雅晶译． — 广州 ： 新世纪出版社， 2016.11
ISBN 978-7-5583-0156-8

I. ①美… II．①吉… ②寺… ③梁… III．①饮食—文化—京都 IV．① TS971

中国版本图书馆 CIP 数据核字（2016）第 180110 号

出 版 人　孙泽军
责任编辑　傅　琨　廖晓威
责任技编　许泽璇

出 品 人　金　城
策　　划　黎嘉慧　范博雅
设计制作　李晓光

美食吃饱饱 京都
MEISHI CHI BAOBAO JINGDU

[日] 吉田志帆 著
[日] 寺井真纪 绘
梁雅晶 译

出版发行　新世纪出版社
（地址：广州市大沙头四马路 10 号　邮编：510102）
策划出品　广州漫友文化科技发展有限公司
经　　销　全国新华书店
制版印刷　深圳市精彩印联合印务有限公司
（地址：深圳市宝安区松白路 2026 号同康富工业园）
规　　格　889mm×1194mm 1/32
印　　张　4.5
字　　数　56.25 千字
版　　次　2016 年 11 月第 1 版
印　　次　2016 年 11 月第 1 次印刷
定　　价　39.00 元

如本图书印装质量出现问题，请与印刷公司联系调换。
联系电话：020-87608715-321